元素周期表的地球任务

【日】上谷夫妇/著
【日】左卷健男/日文审校
刘旭阳/译
王笃年/中文审校

U0177478

中国出版集团　现代出版社

某一天……

与未知相遇

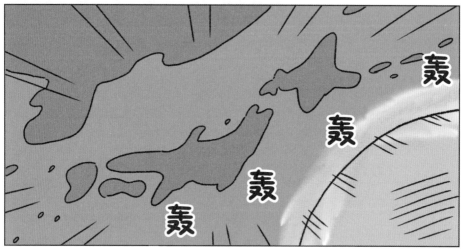

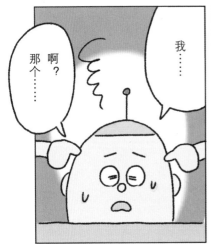

006

目录

第 1 章
元素和周期表

第 2 章
我们身边的元素

新波博士

　　本名新波博志。以前在研究所等地方工作，现在在远离城市的地方开设"新波研究所"。一个人生活，每天进行喜爱的研究，很喜欢穿夏威夷衬衫。

登场人物介绍

周期表君

　　一个外星人，从距离地球很遥远的"WAKUWAKU行星"乘坐宇宙飞船来到地球，但是，在到达地球时受到了撞击，把自己的名字和来地球的目的都忘掉了。后来，博士给它取了"周期表君"这个名字。它的手臂可以伸得很长。

本书通过漫画和图鉴，对各种各样的元素进行介绍、解说，并且，在第5章里还有各种元素的图鉴。一定要对照漫画和图鉴，发现里面的乐趣呀（查询图鉴的方法见p.118）！

要点

周期表君使用眼镜时，可以看清楚事物所包含的元素信息。

嗯？这些是？

啊！

「硼硅酸玻璃」！这里写着

烧杯好棒！

洗手间和洗面台的物品的主要元素

白炽灯	牙膏	镜子
·氪（Kr） ·钨（W） ·钼（Mo）	·硅（Si） ·碳（C） ·氟（F）	·硅（Si） ·氧（O） ·银（Ag）
封入Kr气体 灯丝（W） 灯丝上的防震线（Mo）	▶通过氟在牙齿表面形成一层保护膜，可以防止发生龋齿。	▶镜子后面会镀银。

含漱剂

嗯，玻璃也有很多种类。比如说，窗玻璃一般是使用钠玻璃，这种玻璃容易大规模生产。

钠玻璃
（硅、氧、钠等）

054

DVD

·锗（Ge）
·碲（Te）
·锑（Sb）

▶DVD的记录膜会用到这三种元素的合金。

p.143 ▶碲：p.154 ▶锑：153

要点

清楚地了解我们身边的事物中含有哪些元素。

本书的阅读方法

要点

面向高级学习者的信息小角落。

要点

周期表君发现的元素的图鉴页码会写在这里。

元素和周期表

第 1 话

秘密道具

急急忙忙

噢，对了，椅子椅子！

请坐在这边。

谢谢啦！

嗯，那么，能和我说一下你的事情吗？

好的……

……

啊！

我是从一个叫WAKUWAKU行星的地方来的。哦，我的名字是……哎呀，我不记得了……

我来地球是因为……所以我才会来学习地球的事物……不过，这次迫降导致我把最要紧的东西忘记了。是有什么应该做的事情呢……

也许，这里面会有什么线索吧？

呃……应该怎么打开它呢？

这三种元素……

嗯?

氧、碳、氢……

博士,你……

是我身体里面的元素吗?

对,好像是这样……

刺痛

听好了,如果你在戴着眼镜时说出一个事物的名字,就能看清楚这个事物里面的主要元素了。

真的吗?

我想起了一些事情……

如果我在戴着眼镜时说出一个事物的名字,就能看清楚这个事物里面的主要元素!

只看一眼就能看清楚事物的主要元素？这个技术真棒，地球上还没有噢！

啊！

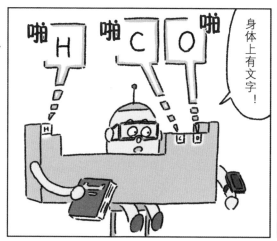

身体上有文字！

啪 H 啪 C O 啪

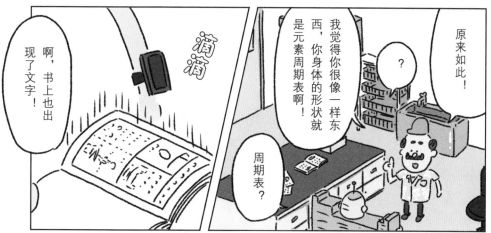

原来如此！

我觉得你很像一样东西，你身体的形状就是元素周期表啊！

周期表？

啊，书上也出现了文字！

滴滴

能让我看一下吗？

嗯，果然只出现了刚才的三种元素的相关说明。

顺序是按照原子序数排列的啊！

元素？周期表？原子序数？什么也想不起来……这都是什么？

啊，给您！

移动

然后，其他书页都是白纸啊？

你快到地球上把这本书完成！

好像……我来地球上就是为了把元素找出来，完成这本书……

原来如此！

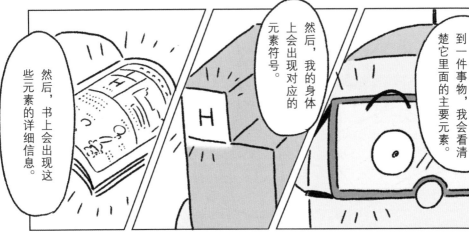

嗯，首先，透过眼镜看到一件事物，我会看清楚它里面的主要元素。

然后，我的身体上会出现对应的元素符号。

然后，书上会出现这些元素的详细信息。

那个手表呢？

嗯……

首先，这样……

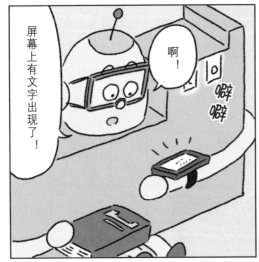

屏幕上有文字出现了！

啊！

啪

任务完成度 3/118
使用眼镜，找到地球上的元素，完成这本书。

果然！

按下！

任务情况
周期表

啊，任务……

啊，不对，嗯，要找到全部……

好，我明白了！要加油啊！

全部找出来？这有点难办啊……

可是……

这里写得很明白！我的任务果然是找齐元素，然后填满周期表！

我想不起来关于元素的事情了，应该是在WAKUWAKU行星上学过的。

啊，如果只是元素的知识的话，我来教你吧。我也很喜欢元素和周期表。你看，我把自己的胡子的形状都修理成周期表的形状了。

十分感谢！那就拜托您了！

嗯，不过今天已经很晚了。我们先休息吧！

好的！

周期表君的装备解说

元素分析眼镜

▶如果在看到一个事物时说出它的名字，就会看清楚里面的主要元素。

周期表君的身体

▶找到元素后，身体表面会出现元素符号。如果能集齐全部118个元素……

数码元素书

▶透过眼镜看到元素后，书上会出现元素的相关信息。

元素探索手表

▶除了任务的完成度，手表上还记载了地球的观光信息等。

那么，在开始做任务之前，我先告诉你一些关于元素和周期表的事情吧！

太感谢您了！

那个叫周期表的东西，我实在是想不起来了……

记忆还是……

这样啊！

好，那么我们开始吧！

周期表君必须在地球上找到『元素』，要先对『原子』进行说明。

在对元素进行说明之前，需要先对『原子』进行说明。

原子？听起来和元素好像啊……

对，就是因为很像，所以解释起来有些麻烦。

咳，还是先介绍一下原子。原子是眼睛看不到的很小很小的颗粒。

帽子、笔、白板，包括我在内，如果分裂成很小很小的微粒，就都变成了『原子』。

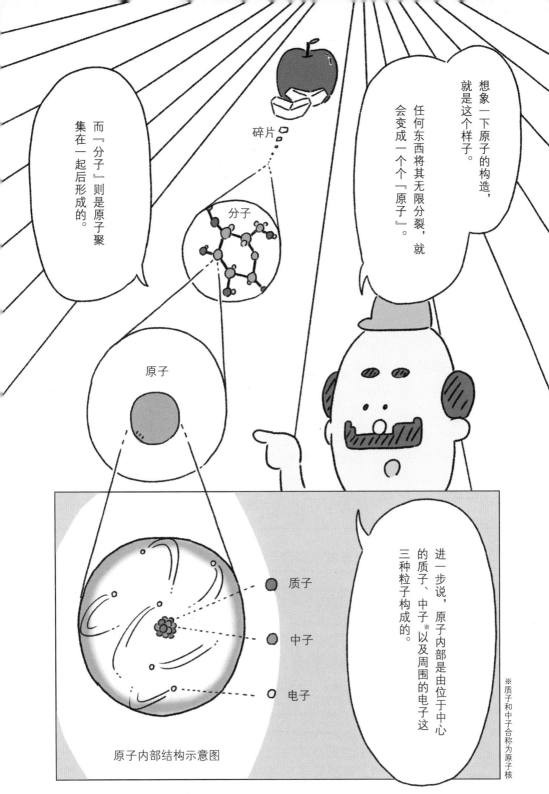

想象一下原子的构造，就是这个样子。

任何东西将其无限分裂，就会变成一个个『原子』。

而『分子』则是原子聚集在一起后形成的。

碎片

分子

原子

进一步说，原子内部是由位于中心的质子、中子※以及周围的电子这三种粒子构成的。

※质子和中子合称为原子核

质子

中子

电子

原子内部结构示意图

而各种物质的原子中的质子、中子、电子的数量都不一样。

数量确实不一样啊！

氢原子　质子：1个　中子：0个　电子：1个

碳原子　质子：6个　中子：6个　电子：6个

对，就是因为这三种粒子的数量差异，地球上存在着各种具备不同性质的原子。

这里面最重要的是「质子」。

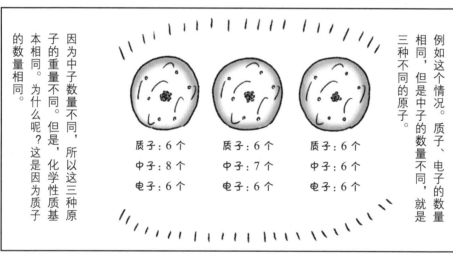

例如这个情况。质子、电子的数量相同，但是中子的数量不同，就是三种不同的原子。

质子：6个　中子：8个　电子：6个

质子：6个　中子：7个　电子：6个

质子：6个　中子：6个　电子：6个

因为中子数量不同，所以这三种原子的重量不同。但是，化学性质基本相同。为什么呢？这是因为质子的数量相同。

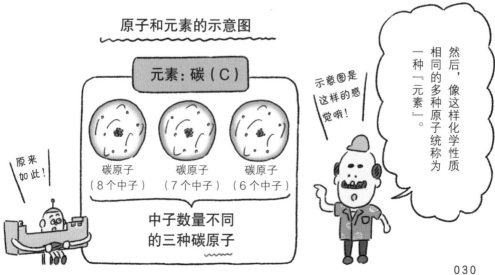

原子和元素的示意图

元素：碳（C）

示意图是这样的感觉哦！

碳原子（8个中子）　碳原子（7个中子）　碳原子（6个中子）

中子数量不同的三种碳原子

原来如此！

然后，像这样化学性质相同的多种原子统称为一种「元素」。

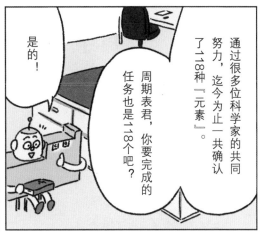

通过很多位科学家的共同努力，迄今为止一共确认了118种『元素』。

周期表君，你要完成的任务也是118个吧？

是的！

不过，这里的数字是什么意思呢？

6

啊，那个是分配给每个元素的原子序数。原子序数从1到118……

而这个序数和我刚才说到的原子中的质子的数量是一样的。

喔，真的呀！

也就是说，碳原子的质子数量是6个，所以碳元素的原子序数是『6』。

还有，这个『C』是元素符号。因为在拉丁语里，用『Carbon』表示木炭的意思，所以用首字母『C』表示碳元素。另外，其他元素很多也有其独特的由来。

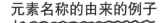

噢，真有趣呀！

元素名称的由来的例子

天体	性质
·氦（He） →源自从太阳（希腊语 helios）光中发现该元素。	·溴（Br） →源自该元素有难闻的气味（希腊语 Bromos）。
人名	国家名
·锿（Es） →以物理学家阿尔伯特·爱因斯坦命名该元素。	·钫（Fr） →源自在法国（France）发现该元素。

原子 & 元素总结

什么是原子?

构成所有物质的微小粒子,
由质子、中子、电子构成。

什么是元素?

在原子之中,具有相同的
质子数量的原子的统称。

★ 详细解说(以水 H_2O 为例)

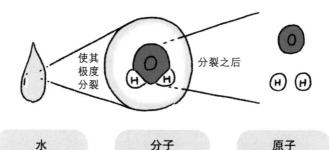

使其极度分裂　分裂之后

水　　分子　　原子

使用"原子"的例文

一个水分子是由两个氢原子和一个氧原子(共三个原子)构成的。

使用"元素"的例文

水是由氢元素和氧元素(共两种元素)组成的。

这两种说法都是对的!

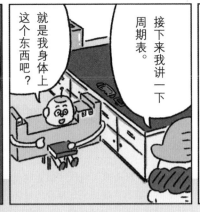

接下来我讲一下周期表。

就是我身体上这个东西吧?

嗯!刚才说到的「元素」排列在周期表中。可以说,周期表的结构很完美,就像是「元素的地图」。

结构很完美?

把元素按从轻到重的顺序排列,发现其中的周期性。

可以与水发生剧烈反应

可以与水发生剧烈反应

可以与水发生剧烈反应

| Li | Be | B | C | N | O | F | Ne | Na | Mg | Al | Si | P | S | Cl | Ar | K | Ca | Sc | Ti | V | Cr |

对,实际上如果把元素按照原子序数的顺序排列,性质相似的元素就会呈现出一定周期性,这个特征很有趣!

如果把呈现出周期性的元素处折起来,就会形成像左边这样的表,性质相似的元素竖着排成一列,这就是周期表。

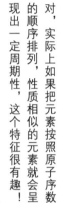

把呈现出周期性的元素处折起来……

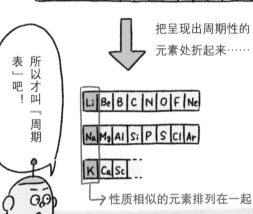

→ 性质相似的元素排列在一起

所以才叫「周期表」吧!

就是这样!那么我们还是赶紧来看一下吧!

旋转

嘎吱

噢噢!

这就是周期表啊!

纵列（同一族）的元素具有相似的性质哦！

例

▶第1族元素（除了氢元素）叫作"碱金属元素"，通常是质软的金属，具有遇水发生剧烈反应的性质。

▶第18族元素叫作"稀有气体元素"，通常是无色气体，具有很难与其他物质发生反应的性质。

				ⅢA 第13族	ⅣA 第14族	ⅤA 第15族	ⅥA 第16族	ⅦA 第17族	0 第18族
									2 He 氦
				5 B 硼	6 C 碳	7 N 氮	8 O 氧	9 F 氟	10 Ne 氖
Ⅷ 9族	Ⅷ 第10族	ⅠB 第11族	ⅡB 第12族	13 Al 铝	14 Si 硅	15 P 磷	16 S 硫	17 Cl 氯	18 Ar 氩
27 Co 钴	28 Ni 镍	29 Cu 铜	30 Zn 锌	31 Ga 镓	32 Ge 锗	33 As 砷	34 Se 硒	35 Br 溴	36 Kr 氪
45 Rh 铑	46 Pd 钯	47 Ag 银	48 Cd 镉	49 In 铟	50 Sn 锡	51 Sb 锑	52 Te 碲	53 I 碘	54 Xe 氙
77 Ir 铱	78 Pt 铂	79 Au 金	80 Hg 汞	81 Tl 铊	82 Pb 铅	83 Bi 铋	84 Po 钋	85 At 砹	86 Rn 氡
109 Mt 鿏	110 Ds 鿏	111 Rg 轮	112 Cn 鿔	113 Nh 鿭	114 Fl 鈇	115 Mc 镆	116 Lv 鉝	117 Ts 鿬	118 Og 鿫
62 m 钐	63 Eu 铕	64 Gd 钆	65 Tb 铽	66 Dy 镝	67 Ho 钬	68 Er 铒	69 Tm 铥	70 Yb 镱	71 Lu 镥
94 Pu 钚	95 Am 镅	96 Cm 锔	97 Bk 锫	98 Cf 锎	99 Es 锿	100 Fm 镄	101 Md 钔	102 No 锘	103 Lr 铹

元素周期表

下表中的每一个纵列叫作一个"族"，每一个横行叫作一个"周期"。例如，氧元素在周期表上位于"第16族第2周期"。

主族元素

第1族、第2族以及第13~17族叫作"主族元素"，纵列的各种元素的性质相似。

过渡元素

第3~12族叫作"过渡元素"，不只是纵列的元素，横行的各种元素的性质也相似。

	IA 第1族	IIA 第2族	IIIB 第3族	IVB 第4族	VB 第5族	VIB 第6族	VIIB 第7族	VIII 第8族
第1周期	1 H 氢							
第2周期	3 Li 锂	4 Be 铍						
第3周期	11 Na 钠	12 Mg 镁						
第4周期	19 K 钾	20 Ca 钙	21 Sc 钪	22 Ti 钛	23 V 钒	24 Cr 铬	25 Mn 锰	26 Fe 铁
第5周期	37 Rb 铷	38 Sr 锶	39 Y 钇	40 Zr 锆	41 Nb 铌	42 Mo 钼	43 Tc 锝	44 Ru 钌
第6周期	55 Cs 铯	56 Ba 钡	57~71 镧系	72 Hf 铪	73 Ta 钽	74 W 钨	75 Re 铼	76 Os 锇
第7周期	87 Fr 钫	88 Ra 镭	89~103 锕系	104 Rf 𬬻	105 Db 𬭊	106 Sg 𬭳	107 Bh 𬭛	108 Hs 𬭶

原子序数 …… 6
元素符号 …… C
元素名称 …… 碳

57 La 镧	58 Ce 铈	59 Pr 镨	60 Nd 钕	61 Pm 钷
89 Ac 锕	90 Th 钍	91 Pa 镤	92 U 铀	93 Np 镎

写着元素名称的卡片

036

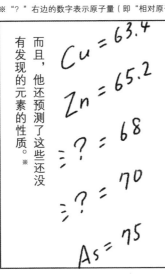

而且，他还预测了这些还没有发现的元素的性质。※

他制作的表里有多处标记了『？』，即空栏，这指的是『预测将在未来发现的元素』。

$$Cu = 63.4$$
$$Zn = 65.2$$
$$? = 68$$
$$? = 70$$
$$As = 75$$

但是，他制作的元素周期表并没有很快在科学界得到推广。

不过，因为他在表里说中了某个预测，情况发生了改变……

在这以后，门捷列夫标记了『？』的元素不断被发现，他制作的元素周期表的厉害之处被科学界认可，并开始在世界范围普及。

得意！

然后，在0年之后，镓元素被发现，而这就是他标记了『？』的元素的其中一个。

这和门捷列夫预测的性质很符合啊！

噢噢！就是说预测中了！

他制作的表好厉害啊！

而在此※之后，更多的元素被发现。

与此同时，周期表也不断得到改良，最终变成了我们今天看到的样子。

原来如此，周期表还有一段历史啊！

嗯嗯

※当时已经被发现的元素数量为约60种

就是这样，关于元素和周期表，你都明白了吗？

是的！而且感觉很好玩！

037

2

我们身边的元素

第 **4** 话

人体中的元素

好，我要找到很多元素噢！

戴上

啊对了，还是先说一下昨天你在我身上看到的元素吧！

对哈，确实看到了！

抬高

原本，你在我身上看到了氧（O）、碳（C）、氢（H）这三种元素。

也就是说，你透过眼镜看到一件事物，就可以看清楚其中含有的主要元素了。

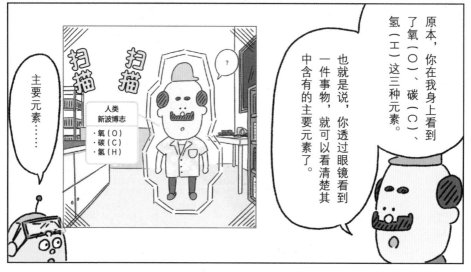

人类
新波博志
·氧（O）
·碳（C）
·氢（H）

扫描　扫描

？

主要元素……

对，人类是由很多元素组成的。

其中，氧、碳、氢这三种元素的含量最多。

让我们分别来看一下吧！

好的！

首先，我们说一下氧和氢。人体重的60%是由水分构成的，这一点你知道吧？包括细胞中的液体，以及血液、淋巴液等之中的水分。

人类的60%是由水构成。

包括血液、淋巴液、细胞中的液体等。

氧君

而水是由氧原子和氢原子构成的。

因此，这两种元素当然是很多的。

氧原子　氢原子

氢君

接下来是碳。

碳是肌肉、皮肤等构成人体的蛋白质和脂肪中含有的主要元素。

食物中含有很多碳元素，通过吃饭，碳元素被吸收到人体内。

咀嚼

好吃！

碳君

另外，不仅在人体内，在其他动植物中也含有很多氧、碳、氢这三种元素。

对于生物来说，这三种元素是近在身边的元素！

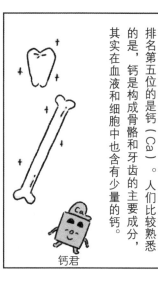

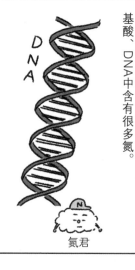

接下来，我们就介绍一下人体内含有的元素中排名第四位和第五位的元素吧。

排名第四位的是氮（N）。在蛋白质、氨基酸、DNA中含有很多氮。

氮君

其实在血液和细胞中也含有少量的钙。

排名第五位的是钙（Ca）。人们比较熟悉的是，钙是构成骨骼和牙齿的主要成分，

钙君

以上，我先介绍了人体内含量排名前五的元素，每种元素的质量的详细情况请参考左侧的图表。

人体中含有的元素（质量比）

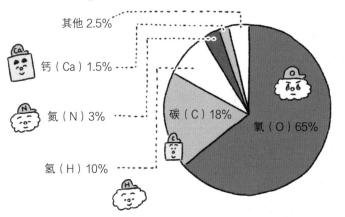

其他 2.5%
钙（Ca）1.5%
氮（N）3%
氢（H）10%
碳（C）18%
氧（O）65%

原来如此啊！这样看来，原来排名前三的元素占据了人体大部分啊！

嗯，前三种元素占了93%呢！

不过，另一方面，包含在『其他』中的少量元素和微量元素等，对人体也有着重要的作用啊！

少量元素……

微量元素……

对，比如『硫（S）』这种元素。在人体中的占比只有0.25%，但是在头发和指甲中占比很高。假如没有了硫，我们的头发和指甲就会伤痕累累了……

另外，含量只有0.2%的钾（K），还有含量只有0.15%的钠（Na），是肌肉和神经正常运行不可或缺的主要元素。

钾君

钠君

硫君

揮舞

揮舞

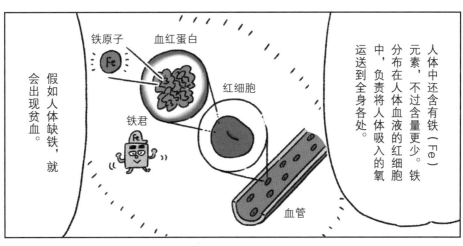

人体中还含有铁（Fe）元素，不过含量更少。铁分布在人体血液的红细胞中，负责将人体吸入的氧运送到全身各处。

假如人体缺铁，就会出现贫血。

铁原子

血红蛋白

红细胞

铁君

血管

所以，我们不能挑食，什么都要吃，明白了吗？

嗯？我，不需要吃东西……

不愧是外星人！

也就是说，人类的健康是由多种多样的元素支撑的。

谢谢你们！

构成人体的元素一览表

分类	元素名称 （元素符号）	体重60kg中 的含有量（比例）	存在部位
大量元素	氧（O）	39kg（65%）	水分、蛋白质、脂肪等
	碳（C）	11kg（18%）	蛋白质、脂肪、DNA等
	氢（H）	6kg（10%）	水分、蛋白质、脂肪等
	氮（N）	1.8kg（3%）	蛋白质、DNA等
	钙（Ca）	900g（1.5%）	骨骼、牙齿、血液等
	磷（P）	600g（1%）	骨骼、牙齿、DNA等
少量元素	硫（S）	150g（0.25%）	毛发、指甲、皮肤等
	钾（K）	120g（0.2%）	肌肉细胞等
	钠（Na）	90g（0.15%）	血液、细胞外液等
	氯（Cl）	90g（0.15%）	血液、胃酸等
	镁（Mg）	30g（0.05%）	骨骼、肌肉等
微量元素	铁（Fe）	5.1g	血液、骨髓、肝脏等
	氟（F）	2.6g	牙齿、骨骼等
	硅（Si）	1.7g	皮肤、指甲、毛发、骨骼等
	锌（Zn）	1.7g	眼睛、精子、毛发等
	锰（Mn）	86mg	血液、蛋白质等
	铜（Cu）	68mg	肝脏、骨髓等

博士的进阶信息

根据在人类体重中的含有量，将元素分类为
"大量元素""少量元素"和"微量元素"。

还有比"微量元素"
的含有量更少的"超
微量元素"哦！

硒君　碘君

 元素图鉴 ▶氮: p.126 ▶氩: p.133

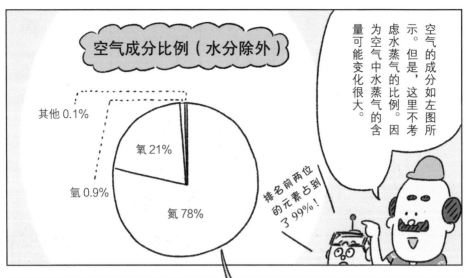

空气的成分如左图所示。但是，这里不考虑水蒸气的比例。因为空气中水蒸气的含量可能变化很大。

空气成分比例（水分除外）

其他 0.1%
氧 21%
氩 0.9%
氮 78%

排名前两位的元素占到了 99%！

空气中最重要的元素是氧。人体通过呼吸将氧吸入体内，并呼出二氧化碳。

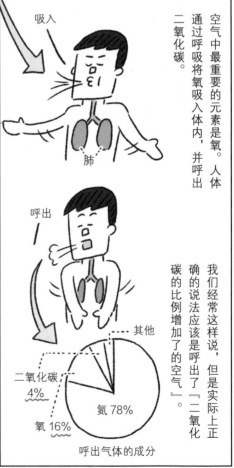

吸入

肺

呼出

我们经常这样说，但是实际上正确的说法应该是呼出了『二氧化碳的比例增加了的空气』。

其他
二氧化碳 4%
氮 78%
氧 16%
呼出气体的成分

也就是说，人体很好地吸收了空气中的氧吧！

人体的这个功能真的很棒啊！

不管怎么说，对于人体和地球来说，氧都是关系密切的元素。

地球的元素

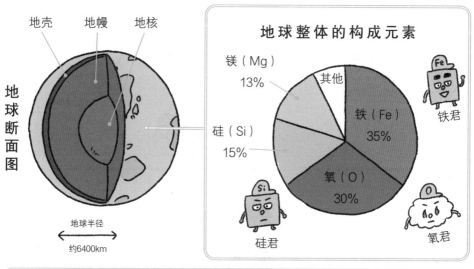

地球断面图

地壳　地幔　地核

地球半径
约6400km

地球整体的构成元素

镁（Mg）
13%

其他

硅（Si）
15%

铁（Fe）
35%

氧（O）
30%

铁君

硅君

氧君

地壳

地球固体圈层的最外层。在大陆区域厚度为30～40km，在海洋区域的厚度约为5km。

钙（Ca）6%

其他

铁（Fe）6%

铝（Al）8%

氧（O）
46%

硅（Si）27%

铝君

地壳的构成元素

地核

位于地球中心，厚度为3500km。

硫（S）4.5%

其他

镍（Ni）
5.5%

铁（Fe）
89%

镍君

地核的构成元素

地幔

约占地球体积的80%，厚度在2800km以上。

其他

硅（Si）
22%

氧（O）
45%

镁（Mg）
23%

镁君

地幔的构成元素

说到氧，我就想知道地壳里面也有很多氧气吗？地里面有气体吗？

啊，你的问题很好！

嗯？也就是说……

虽然都是「氧」，但是存在的形式却不一样。

比如，空气中存在的氧元素（氧气），一个氧气分子是由两个氧原子组合在一起形成的。因为是一种元素构成的，所以被称为「单质」。

另一方面，地壳中存在的氧元素，主要的存在形式是氧元素与硅元素（Si）组合在一起，形成的「二氧化硅」。这种由两种或两种以上的元素构成的物质被称为「化合物」。

地壳

空气

二氧化硅
SiO_2

氧气
O_2

化合物

单质

也就是说，通过与不同的元素组合，元素的状态和性质也会发生改变。

噢噢，原来是这样！

而且，每一种元素发生化学反应的容易程度，也就是原子之间组合在一起的容易程度都不一样。比如说，空气中存在的氩元素……

嗯

氩……氢……氩……

查找

查找

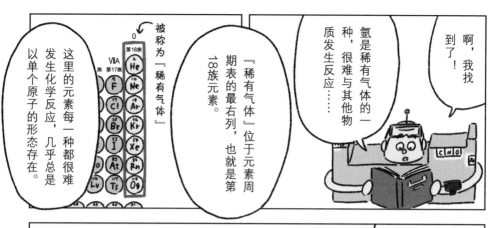

啊，我找到了！

氩是稀有气体的一种，很难与其他物质发生反应……

在空气中也一样，氮元素和氧元素都是两个原子组合在一起，而氩元素总是以单个原子的形态存在。

『稀有气体』位于元素周期表的最右列，也就是第18族元素。

被称为『稀有气体』

	0
VⅡA族 第17族	第18族
	²He
⁹F	¹⁰Ne
¹⁷Cl	¹⁸Ar
³⁵Br	³⁶Kr
At	Xe
Lv	⁸⁶Rn
	Ts	Og

这里的元素每一种都很难发生化学反应，几乎总是以单个原子的形态存在。

氮君

氧君

氩君

我喜欢一个人……

也就是说，喜欢独来独往。

正是因为这些三元素很难发生反应，世界上的化学家们很长时间都没有发现它们的存在。

经过千辛万苦终于发现了氩元素，因为它的性质，被取名为『Argon』，其词源是希腊语中的『懒鬼』（Argos）。

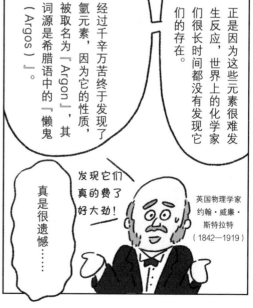

发现它们真的费了好大劲！

真是很遗憾……

英国物理学家约翰·威廉·斯特拉特（1842—1919）

接下来被发现的稀有气体是氖（Ne），它的意思是『全新的』。

虽然都是稀有气体，但是名字的差别真大啊！

我，哈哈！

为，哈哈！

我也这么认

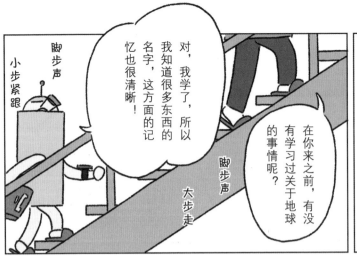

第 **6** 话

家里面的元素

在你来之前，有没有学习过关于地球的事情呢？

对，我学了，所以我知道很多东西的名字，这方面的记忆也很清晰！

脚步声

大步走

脚步声

小步紧跟

你真的把关于元素的事情全部忘掉了吗？

我感觉是这样……

好的，那么我们首先从有很多元素的厨房开始观察吧！

好！

嗯，首先从这个洗涤台开始吧！

噼噼噼

噼噼噼

找到啦！

噼啪

噼啪

这是铁（Fe）、铬（Cr）、镍（Ni）！

C N O

Ni 啪　Cr 啪　Fe 啪

元素图鉴　▶铁：p.138　▶铬：p.137　▶镍：p.139

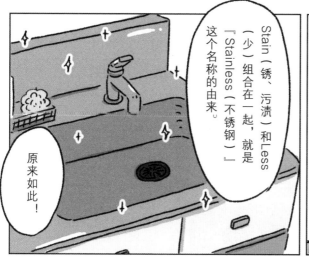

Stain（锈、污渍）和Less（少）组合在一起，就是『Stainless（不锈钢）』这个名称的由来。

原来如此！

如果在铁中掺入铬和镍，就会产生不易生锈的功效。

是吗？

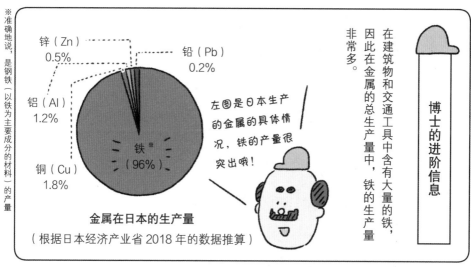

※准确地说，是钢铁（以铁为主要成分的材料）的产量

在建筑物和交通工具的总生产量中，铁的生产量非常多。

因此在金属的总生产量中含有大量的铁，

博士的进阶信息

锌（Zn）0.5%

铅（Pb）0.2%

铝（Al）1.2%

铜（Cu）1.8%

铁※（96%）

左图是日本生产的金属的具体情况，铁的产量很突出哦！

金属在日本的生产量

（根据日本经济产业省2018年的数据推算）

这边是『食品用保鲜膜』……

嗯嗯

噼噼噼

噼噼噼

沙沙沙

嗯，这里是『盐』……

那么，我要开始观察其他物品了！

加油哈！

荧光灯

· 水银（Hg）
· 氩（Ar）

▶充满荧光灯内部的水银蒸气，产生紫外线，并发生反应，发出漂亮的光。

钢丝球

· 铁（Fe）

蛋壳

· 钙（Ca）
· 碳（C）
· 氧（O）

豆腐

· 碳（C）
· 氧（O）
· 镁（Mg）

▶在制作豆腐时使用的固化材料（卤水）中含有镁元素。

铁罐

· 铁（Fe）

铝罐

· 铝（Al）
· 镁（Mg）

▶通过添加镁元素来提高铝的强度。

平底锅

· 铝（Al）
· 镁（Mg）
· 氟（F）

▶在平底锅的表面敷上一层含氟物质，就不容易烧焦了。

▶水银：p.170　▶钙：p.134　▶镁：p.129　▶氟：p.128

厨房里面的物品的主要元素

盐

- 钠（Na）
- 氯（Cl）

食品用保鲜膜

- 碳（C） ・氢（H） ・氯（Cl）

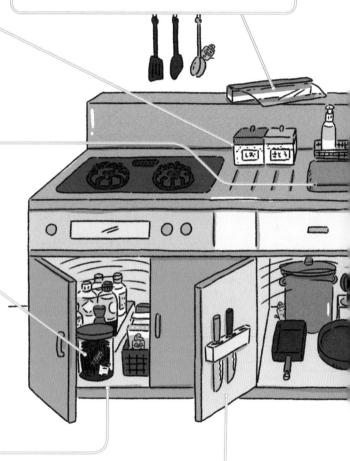

洗涤台

- 铁（Fe）
- 铬（Cr）
- 镍（Ni）

海苔

- 碳（C）
- 氧（O）
- 锌（Zn）

干燥剂

- 硅（Si）
- 钴（Co）

▶通过钴的颜色变化，可以明白水分含量的变化。

陶瓷菜刀

- 铝（Al）
- 锆（Zr）

▶通过添加锆，提高菜刀的硬度。

★在p.52~53的插图中隐藏了5个元素的角色，快来找一找吧！（答案见p.182）

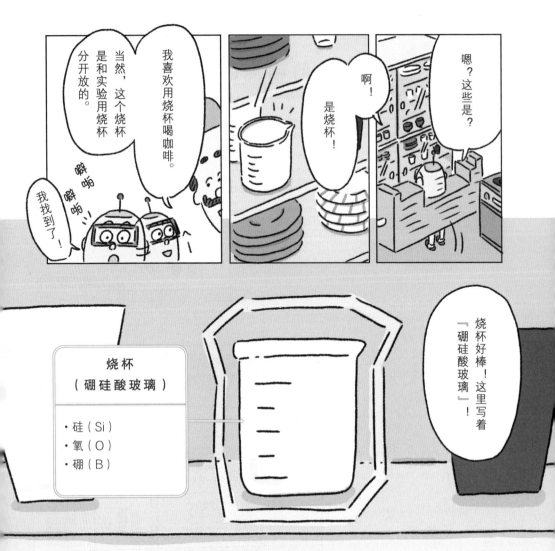

嗯？这些是？

啊！是烧杯！

我喜欢用烧杯喝咖啡。

当然，这个烧杯是和实验用烧杯分开放的。

我找到了！

哔哔哔

烧杯好棒！这里写着「硼硅酸玻璃」！

烧杯
（硼硅酸玻璃）

- 硅（Si）
- 氧（O）
- 硼（B）

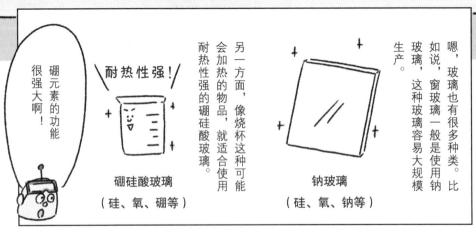

嗯，玻璃也有很多种类。比如说，窗玻璃一般是使用钠玻璃，这种玻璃容易大规模生产。

另一方面，像烧杯这种可能会加热的物品，就适合使用耐热性强的硼硅酸玻璃。

耐热性强！

硼硅酸玻璃
（硅、氧、硼等）

钠玻璃
（硅、氧、钠等）

硼元素的功能很强大啊！

这样啊……每一种都是重要的元素啊！

我找到了镁（Mg）、硅（Si）、锂（Li）！

这是「电脑」！

啊！

啪啪啪啪啪

首先，镁既轻便又坚固，通常用于制作电脑机身。

接下来是硅，它具有方便地控制电流量的性质，用于电脑内部电路。

还有，锂的主要用途是微型且具备高性能的锂离子电池，也就是电脑里面的电池。

博士，我可以去这边的房间吗？

当然可以！

谢谢您！

我休息一会儿，你可以到处看一看。

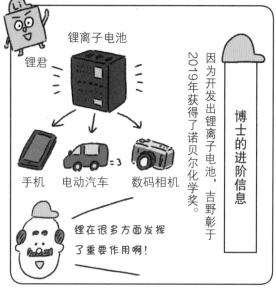

博士的进阶信息

因为开发出锂离子电池，吉野彰于2019年获得了诺贝尔化学奖。

锂离子电池

锂君

手机　电动汽车　数码相机

锂在很多方面发挥了重要作用啊！

洗手间和洗面台的物品的主要元素

白炽灯

- 氪（Kr）
- 钨（W）
- 钼（Mo）

牙膏

- 硅（Si）
- 碳（C）
- 氟（F）

▶ 通过氟在牙齿表面形成一层保护膜，可以防止发生龋齿。

镜子

- 硅（Si）
- 氧（O）
- 银（Ag）

▶ 镜子后面会镀银。

封入Kr气体

灯丝（W）

灯丝上的防震线（Mo）

含氯马桶清洁剂

- 碳（C）
- 氯（Cl）
- 钠（Na）

泡沫洗手液

- 碳（C）
- 氢（H）
- 钾（K）

含漱剂

- 碳（C）
- 碘（I）

▶ 利用碘的杀菌能力。

起居室里面的物品的主要元素

干电池

· 锰（Mn） · 锌（Zn） · 氧（O）

▶锰干电池和碱性干电池中的主要元素很相似。

书架（木制）

· 碳（C）
· 氢（H）
· 氧（O）

液晶显示器

· 氧（O）
· 锡（Sn）
· 铟（In）

被罩（棉质）

· 碳（C）
· 氢（H）
· 氧（O）

沙发（牛皮）

· 碳（C）
· 氢（H）
· 氧（O）

DVD

· 锗（Ge）
· 碲（Te）
· 锑（Sb）

▶DVD的记录膜会用到 这三种元素的合金。

在p.56~57的插图中隐藏了5个元素的角色哦，快来找一找吧！（答案见p.182）

博士！我找到了很多种元素！

博士！

嗯？

对不起啊，我睡着了。

周期表中的元素增加了啊！

起身

掉落

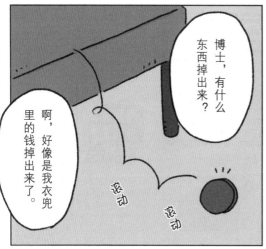

博士，有什么东西掉出来？

啊，好像是我衣兜里的钱掉出来了。

滚动

滚动

对了，你可以来看一下硬币。

因为硬币里面使用了很多种元素。

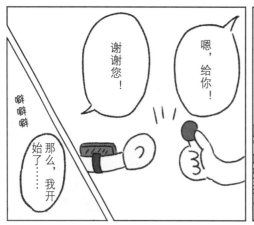

谢谢您！

嗯，给你！

那么，……我开始了……

噼噼噼

硬币里面含有的元素

考虑到方便加工和不易生锈等因素，除了1日元以外的其他硬币都使用了铜合金（在某种金属中掺入其他元素）。

铝君

1日元硬币

· 铝（Al）100%

5日元硬币

· 铜（Cu）60%～70%
· 锌（Zn）30%～40%

镍君

10日元硬币

· 铜（Cu）95%
· 锌（Zn）3%～4%
· 锡（Sn）1%～2%

50日元硬币

· 铜（Cu）75%
· 镍（Ni）25%

100日元硬币

· 铜（Cu）75%
· 镍（Ni）25%

500日元硬币

· 铜（Cu）72%
· 锌（Zn）20%
· 镍（Ni）8%

锡君

铜君

铜合金有不同的名字！
铜和锌的合金叫黄铜，
铜和锡的合金叫青铜，
铜和镍的合金叫白铜。

找到了！

？

刚好天黑了，我们到外面去吧！

这里好像有……

翻找翻找

哦，对了！

啊！硬币也很有意思啊！

烟花！好激动啊！

烟花里面也使用了很多元素，我们来看一下吧！

嘣

咻咻咻

嚓

烟花中的元素

如果在火焰中加入钠化合物，火焰就会被添加上颜色，这被称为"焰色反应"。除了钠以外，其他多种元素也会发生"焰色反应"。烟花就是利用了这个反应。

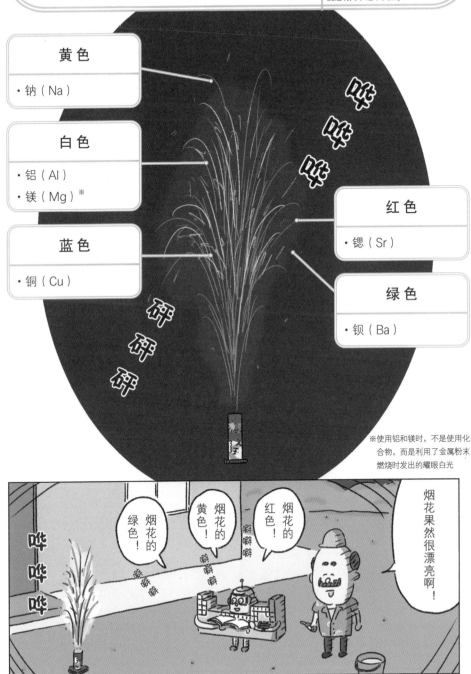

黄色
- 钠（Na）

白色
- 铝（Al）
- 镁（Mg）※

蓝色
- 铜（Cu）

红色
- 锶（Sr）

绿色
- 钡（Ba）

※使用铝和镁时，不是使用化合物，而是利用了金属粉末燃烧时发出的耀眼白光

烟花果然很漂亮啊！

烟花的红色！

烟花的黄色！

烟花的绿色！

就像这样……

打开

这是黑光灯，可以发出紫外线。

这就是博士说的『明信片的特殊墨水』吧？

好！

戴上

这里的地址信息等是用特殊墨水打印的。

可以用眼镜看一下！

新波博志先

啊！

?

H			
Li			
Na	Mg		
K	Ca		
Sr	Zr		
Ba			

Cr	Mn	Fe	Co	Ni	Cu
Mo					
W					

元素分析结果是……铕（Eu）……

嗯，这个铕是在……

元素图鉴 ▶铕: p.159

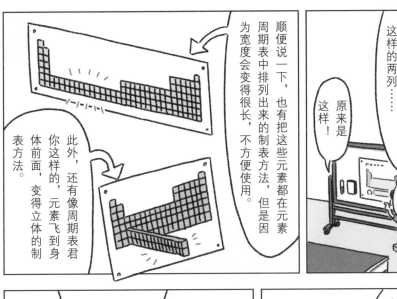

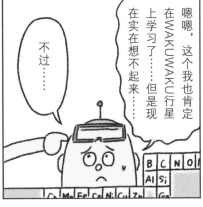

好像是"长按右耳"，就能恢复原状了。

手表里面这样写了。

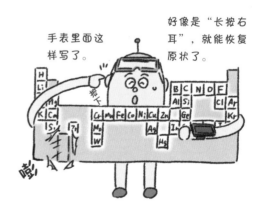

家外面的元素

※指植物在阳光照射下，产生营养成分的过程

这个白色的东西是『肥料』吧？

我找到了氮（N）、钾（K）、磷（P）。

叶子中含有可以进行光合作用※的『叶绿素』，叶绿素里面含有镁。

你再看一下下面的肥料。

『气球』！

它是自己飞过来的吗？

噼噼噼 噼噼噼

磷这个元素我是第一次见到啊！

嗯，包括磷在内的三种元素被称为『肥料的三要素』，这是植物的生长发育所必需的元素。

啊，植物也有重要的元素啊……

嗯？

啊！

博士的进阶信息

为保证安全，派对上用的氦气中混入了氧气。而用于灌气球的氦气里面只有氦元素，被人体吸入会很危险。

气球用氦气

嗯，是氦（He）吗？

对，氦是除了氢之外最轻的元素，而且，和氢不一样，氦不会爆炸，很适合用在气球里。

▶在p.70~71的插图中隐藏了5个元素的角色哦，快来找一找吧！（答案见p.183）

相机镜头

·硅（Si） ·氧（O） ·镧（La）

▶有的相机和望远镜的镜头里会含有镧（La）。

橡胶皮球

·碳（C）
·氢（H）
·硫（S）

▶因为含有硫，才能发挥出橡胶特有的弹性。

滑梯

·铁（Fe）
·铬（Cr）

狗

·氧（O）
·碳（C）
·氢（H）

▶人和动物的元素构成差不多。

自行车的车体

·铝（Al） ·钪（Sc）

▶在铝中混入少量的钪，金属会变得强度很高。

公园里面的物品的主要元素

沙子

· 硅（Si）
· 氧（O）

▶ 沙子和石头的主要成分是由这两种元素构成的。

气球

· 氦（He）

肥料

· 氮（N）
· 钾（K）
· 磷（P）

叶子

· 碳（C）
· 氮（N）
· 镁（Mg）

金属球棒

· 铝（Al）　· 铜（Cu）　· 镁（Mg）

▶ 在铝中混入铜和镁，合金会变得既轻又坚固，被称为"硬铝合金"。

第 9 话

街上的元素

公园我们就看到这里，现在到别的地方去吧。

好。

接下来我们去哪里呢？

去哪儿呢？我平常不怎么到这里来，但是好像有很多地方可以去呢……

嗯，

从这里过马路吧。

好

啊，是建筑工地的声音。

咚咚咚

哐哐哐

砰砰砰

呃呃呃

刚好遇到了，我们就去建筑工地看一下吧。

慢慢走

噢，比如说那个人拿着的工具？是扳手！

对！是叫『扳手』！

噼噼噼

扳手

元素分析结果
· 铁（Fe）
· 铬（Cr）
· 钒（V）

元素图鉴 ▶钒: p.136

红绿灯（发光二极管）

· 铝（Al）
· 镓（Ga）
· 砷（As）

▶ 因获得诺贝尔奖而知名的蓝色发光二极管，其主要材料就是氮和镓。

耳机

· 钕（Nd）
· 铁（Fe）
· 硼（B）

▶ 含有这三种元素的磁铁被称为"钕磁铁"，它被广泛应用于各种电子产品。

扳手

· 铁（Fe）
· 铬（Cr）
· 钒（V）

汽车窗玻璃

· 硅（Si）
· 氧（O）
· 铈（Ce）

▶ 在玻璃里加入铈，可以削弱紫外线的强度。

汽车的前车灯

· 氙（Xe）

▶ 被称为"氙气灯"，亮度高，而且能耗低，使用寿命长。

▶镓：p.141　▶砷：p.143　▶钕：p.158　▶铈：p.157　▶氙：p.155

建筑工地、街上的物品的主要元素

焊接用防护镜

· 硅（Si）
· 氧（O）
· 镨（Pr）

▶ 在玻璃中混入镨，玻璃就会变成蓝色，可以避免眼睛受到强光的伤害。

钢筋

· 铁（Fe）
· 锰（Mn）
· 碳（C）

轮胎

· 碳（C）
· 氢（H）
· 硫（S）

水泥

· 钙（Ca）　· 硅（Si）　· 铝（Al）

▶ 在水泥里面混入水、沙子、石子，然后凝固，就变成了混凝土。

★ 在p.74~75的插图中隐藏了5个元素的角色哦，快来找一找吧！（答案见p.183）

第 10 话
商店里面的元素

好大啊！

哇！

停下。

就是这里！

嗯，这里有各种各样的商店，我感觉在这里会发现新的元素吧……

很期待哦！

里面很宽敞啊！真的很期待发现新的元素啊！

好，我们走吧。

其实我也是第一次来……

打开

把自行车停在停车场了。

这里是文具店。

那么，我们去看一下钢笔的「笔尖」吧。

明白了！

嗯，「笔尖」里面有……

铱（Ir）、锇（Os）、钌（Ru）……

噼噼噼噼

噼噼

噼噼

笔尖是用钢笔写字时，钢笔和纸接触的部分，因此强度必须很高。

笔尖

笔头

所以，就特意把少量的其他金属焊接在钢笔笔头上。你看，笔尖的颜色稍微不一样吧？

周期表君，你刚才看到的三种元素的合金很坚硬，而且很耐磨损，用作笔尖是再合适不过了。

我们的合金很厉害哦！

铱君

锇君

钌君

就是这样，我们到别的店里看看吧。

好的！

画具（镉黄颜料）

- 镉（Cd）
- 硒（Se）
- 硫（S）

▶镉对人体具有毒性，在这个画具背面标有毒性标志。

钢笔（笔头的尖端部分）

- 铱（Ir）
- 锇（Os）
- 钌（Ru）

▶这些元素的合金很坚硬，很耐磨损。

铅笔芯

- 碳（C）
- 硅（Si）
- 氧（O）

▶笔芯的主要成分石墨是由碳这一单一元素构成的（其他成分还有黏土）。

萨克斯

- 铜（Cu）
- 锌（Zn）

电吉他

- 钐（Sm）
- 钴（Co）

▶电吉他里面有将琴弦的振动转化为电信号的零部件；而该零部件里可能会使用含有钐和钴的磁铁。

原声吉他的弦

- 铜（Cu）
- 锡（Sn）

▶镉：p.152　▶硒：p.144　▶钐：p.159

商店里面的物品的主要元素

防晒霜

·氧（O） ·钛（Ti） ·锌（Zn）

▶ 在具有反射紫外线功能的成分中含有这些元素。

止汗喷雾

·银（Ag） ·铝（Al） ·钾（K）

▶ 在杀菌成分中含有银，在止汗成分中含有铝和钾。

眼药水（红色）

·碳（C）
·氮（N）
·钴（Co）

▶ 在眼药水的有效成分"维生素 B_{12}"中含有这些元素，它们是红色的来源。

戒指（银）

·银（Ag）
·铜（Cu） ·铑（Rh）

▶ 为了提高强度，在银中混入铜。铑是用于在指环表面添加镀层（电镀处理）。

戒指（粉金）

·金（Au） ·铜（Cu） ·钯（Pd）

▶ 在金中混入铜的红色和钯的白色，看起来就是粉色。

戒指（白金）

·铂（Pt）
·钯（Pd）

翡翠

·铍（Be）
·铝（Al）
·铬（Cr）

钻石

· 碳（C）

真的很漂亮呢！

只有碳元素，这很少见呢！

博士，『钻石』真漂亮啊！

元素的分析结果是『碳』。

劈劈劈

机器人……

原子的排列方式？

对，虽然都是碳元素，如果『原子的排列方式』不一样，物品的外观和性质都会不一样。

但是，钻石和铅笔笔芯，从外观看完全不一样啊……

不过，铅笔笔芯里的石墨也是只由碳构成的啊。

欢迎光临！

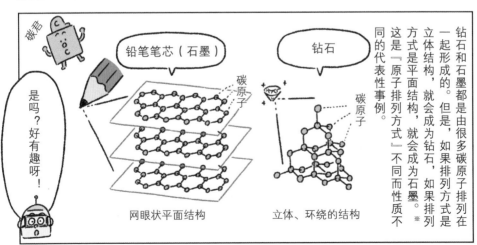

铅笔笔芯（石墨）

钻石

碳君

是吗？好有趣呀！

碳原子

碳原子

钻石和石墨都是由很多碳原子排列在一起形成的。但是，如果排列方式是立体结构，就会成为钻石，如果排列方式是平面结构，就会成为石墨。※这是『原子排列方式』不同而性质不同的代表性事例。

网眼状平面结构

立体、环绕的结构

※像这样的"虽然由同样的单一元素构成，但是原子的排列方式和结构不同"的物品被称为"同素异形体"。除了碳元素以外，在硫和磷等元素中也能见到

啊！
难道可以把石墨变成钻石吗？

您在找什么吗？

是这样。实际上确实有利用石墨制作的人工合成钻石。

顾客您好……

不过，那是在高温高压的特殊条件下进行的。

哈

哼哼哼……

啊，周期表君，我们该出去了。

好的。

咔嚓

是啊是啊！我也是第一次来，真开心啊！感觉变年轻了！

哎呀，真开心啊！

有，这里什么都

门关上

手舞足蹈

救护车笛声

博士！

呜呜！

没事吧，博士？

我的腰……痛痛痛……

诞生石和它们的主要元素

1月 石榴石

- 镁（Mg）
- 铝（Al）
- 硅（Si）

2月 紫水晶

- 硅（Si）
- 氧（O）
- 铁（Fe）

3月 海蓝宝石

- 铍（Be）
- 铝（Al）
- 铁（Fe）

4月 钻石

- 碳（C）

5月 祖母绿

- 铍（Be）
- 铝（Al）
- 铬（Cr）

6月 珍珠

- 钙（Ca）
- 碳（C）
- 氧（O）

7月 红宝石

- 铝（Al）
- 氧（O）
- 铬（Cr）

8月 橄榄石

- 铁（Fe）
- 硅（Si）
- 镁（Mg）

9月 蓝宝石

- 铝（Al）
- 氧（O）
- 铁（Fe）

10月 欧泊

- 硅（Si）
- 氧（O）

11月 蓝黄玉

- 铝（Al）
- 硅（Si）
- 氧（O）

12月 绿松石

- 铜（Cu）
- 磷（P）
- 铝（Al）

第 11 话

医院里面的元素

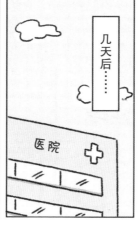

几天后……

医院

301号房
新波博

博士，我把你的换洗衣服拿来了！

周期表君，谢谢你！

下周好像就可以出院了。

是吗？太好了！

我住院以后，元素方面有新的发现吗？

你说这个啊，我在博士家附近找了很久，但是没有发现新的元素。

是吗？其实这家医院的院长是我的朋友，他说你可以在医院到处看一下。

真的吗？

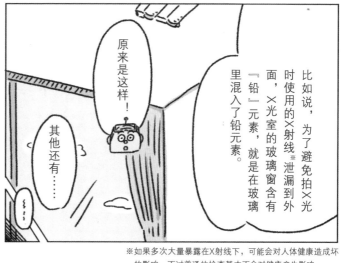

比如说，为了避免拍X光时使用的X射线※泄漏到外面，X光室的玻璃窗含有『铅』元素，就是在玻璃里混入了铅元素。

原来是这样！

其他还有……

那我走啦！

再见！

※如果多次大量暴露在X射线下，可能会对人体健康造成坏的影响，不过普通的检查基本不会对健康产生影响

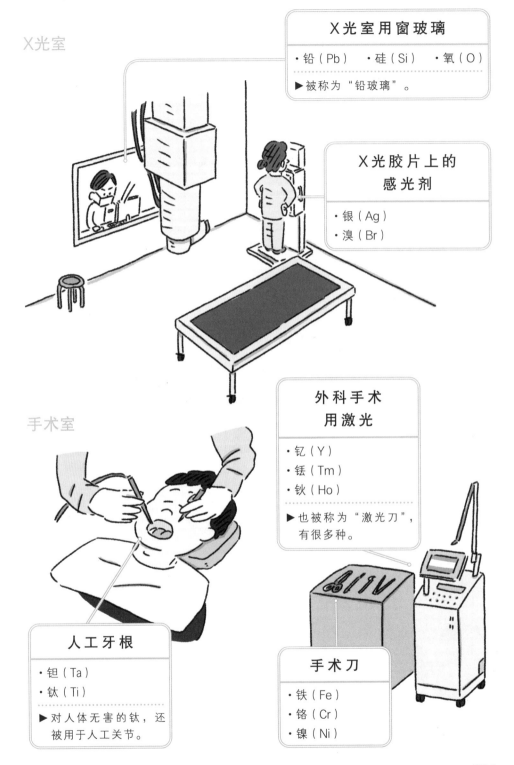

X光室

X光室用窗玻璃

· 铅（Pb） · 硅（Si） · 氧（O）

▶ 被称为"铅玻璃"。

X光胶片上的感光剂

· 银（Ag）
· 溴（Br）

手术室

外科手术用激光

· 钇（Y）
· 铥（Tm）
· 钬（Ho）

▶ 也被称为"激光刀"，有很多种。

人工牙根

· 钽（Ta）
· 钛（Ti）

▶ 对人体无害的钛，还被用于人工关节。

手术刀

· 铁（Fe）
· 铬（Cr）
· 镍（Ni）

医院里面的物品的主要元素

走廊

自动洒水灭火设备

· 铋（Bi）　· 铅（Pb）　· 锡（Sn）

▶含有这些元素的合金（伍德合金）在温度达到约70℃时就会熔化。在发生火灾的时候，这种合金会熔化，灭火设备中会喷出水。

紧急出口标识

· 锶（Sr）　· 铝（Al）　· 镝（Dy）

RI检查

将可以放出射线的物质喝进体内，通过仪器读取射线的量和位置，以此诊断有无疾病。

MRI检查

利用很大的磁铁和电波，使人体内的血管和内脏等的情况通过图像显示出来。

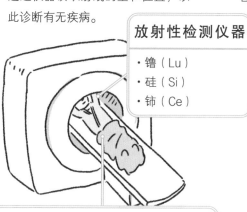

放射性检测仪器

· 镥（Lu）
· 硅（Si）
· 铈（Ce）

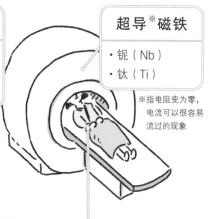

超导※磁铁

· 铌（Nb）
· 钛（Ti）

※指电阻变为零，电流可以很容易流过的现象

放射性药物

· 锝（Tc）

▶利用锝可以放出射线的特性，在检查之前将含有锝元素的药物喝进体内。

MRI用造影剂
（起到增强检查影像观察效果的作用）

· 钆（Gd）　· 铕（Eu）　· 铽（Tb）

又过了几天……

呼呼

哈~

机场

到了机场，就感觉好兴奋啊！

好宽敞啊！

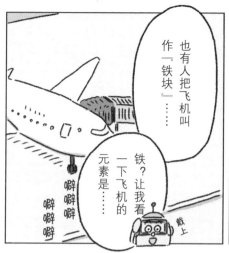

也有人把飞机叫作『铁块』……

铁？让我看一下飞机的元素是……

戴上

噼噼噼噼

碳（C）、铝（AI）、钛（Ti）……

噼啪噼啪

啊？没有铁……

对，实际上飞机很少会用到铁。

然后还会使用铝和钛的合金。

也有一部分飞机会用到铁，不过现在的飞机主要使用以碳为主的材料。

那么，我们快点到登机口吧。

好的！

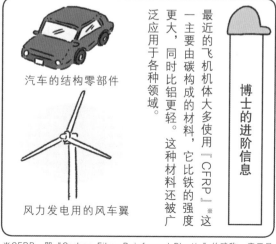

最近的飞机机体大多使用『CFRP』※这一主要由碳构成的材料，它比铁的强度更大，同时比铝更轻。这种材料还被广泛应用于各种领域。

博士的进阶信息

汽车的结构零部件

风力发电用的风车翼

※CFRP，即"Carbon Fiber Reinforced Plastic"的略称，意思是"强化碳纤维"

087

我们去吧！

对了！温泉！温泉！温泉！

轻松坐起

兴奋

那么，我们赶快去泡温泉吧？

我们到了！

榻榻米

咔嚓

哇！真宽敞啊！

嘎吱

嘎吱

嗶啪嗶啪

分析结果中出现了新的元素——『氡（Rn）』！

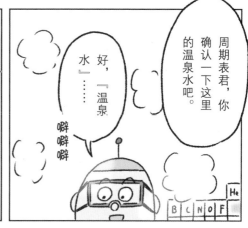

周期表君，你确认一下这里的温泉水吧。

好，「温泉水」……

嗶嗶嗶

实际上，这个温泉有一点特殊，这里含有很多氡。

氡对人体健康有好处吗？

嗯，这个问题不好回答啊……

有人认为它有利于治疗癌症，但是在科学上没有得到证明。

原来还有这样的说法啊！

对啊，不过先不说元素的事情了。我们先洗干净身体吧。

好！

哎呀，温泉真棒啊！

全身变得好暖和……

我们到外面去散步吧！

好啊！啊，您的腰好了吧？

嗯，我得稍微运动一下。

换上了浴衣

哇，这里闪闪发亮啊！

开开心心

气枪游戏

气枪游戏

饺子拉面

居酒屋

嘈杂

拉面

饺子

吵吵闹闹

酒吧

游戏场

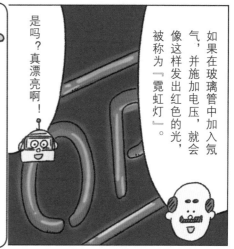
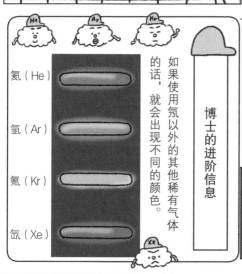

元素图鉴 ▶氖: p.128

我的身体和这本数码书，
还有手表都是防水的！

泡温泉也没问题！

无法找到的元素和特殊元素

第12话

无法找到的元素

这家旅馆真棒啊！

对！真开心啊！

叽叽喳喳

不过，在昨天找到氖以后，我们还没有发现新的元素……

在我们回去的路上应该会有新的物品吧？

大步走

突然想到

周期表君，我有一些事情要告诉你！

什么？

怎么啦？

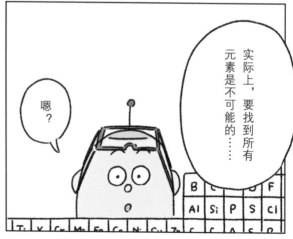

实际上，要找到所有元素是不可能的……

嗯？

啊

？

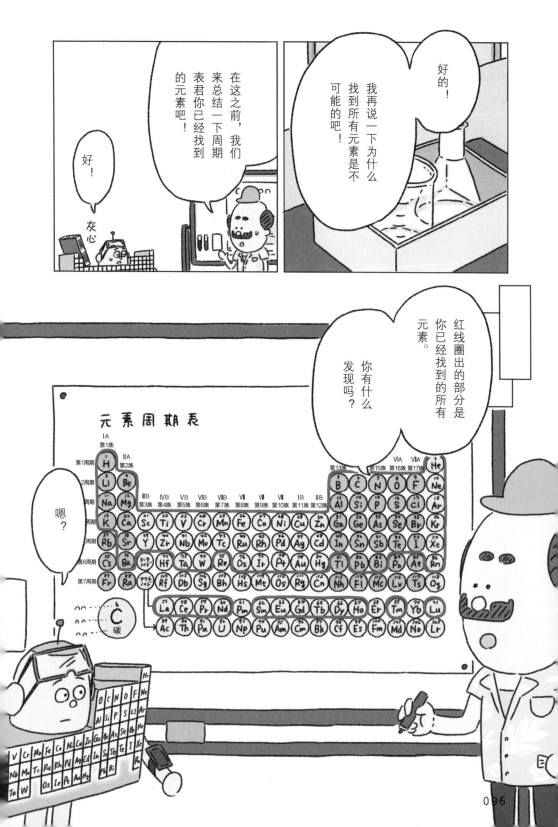

大部分元素都已经找到了！

但是，原子序数比较大的元素，尤其是第7周期的元素一个也没找到……

嗯，这是因为原子序数在84以后的元素都是放射性元素。

放射性元素？

好像在WAKUWAKU行星上我没有学到这些……

射线……

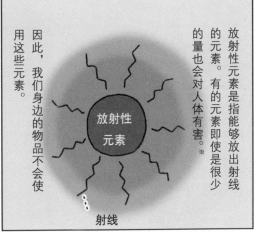

放射性元素是指能够放出射线的元素。有的元素即使是很少的量也会对人体有害。※

因此，我们身边的物品不会使用这些元素。

放射性元素

射线

比原子序数92的元素铀更大的元素，原本就在自然状态下不存在。

啊！不存在？

还有……

我们无法找到原子序数比较大的元素，还有另外一个原因……

※在p.89中登场的氡也是放射性元素，但是在温泉中的含量不足以对人体造成不好的影响

这就要说到历史方面的事情了。

到铀为止，所有元素基本上都是由地球上的科学家发现的。

但是，人们知道铀之后的元素在地球上不存在之后，便开始人工制造元素。

制造？

对，如果不存在的话，就制造出来。

人类真厉害啊！

1940年，美国物理学家埃德温·麦克米伦利用粒子加速器制取了铀之后的元素，并将其命名为『镎』。

镎

粒子加速器※

哈哈哈

埃德温·麦克米伦

※可以利用中子等粒子轰击其他元素的原子核的特殊装置

而且，在此之后，很多研究者不断制取了新的元素，并把它们加入元素周期表里。

一直到原子序数118的氭为止的元素都被人类制取出来了，而且世界上的研究机构正努力研究，试图制取出氭之后的元素。

啊？那么，既然已经制取出来了，是不是在某些地方存在这些元素呢……

不，要找到这些元素几乎是不可能的。

怎么会这样……

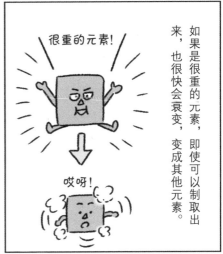

如果是很重的元素，即使可以制取出来，也很快会衰变，变成其他元素。

很重的元素!

哎呀!

灰心

也就是说，到底还是不可能全部找到啊!

但是，我的手表上的任务……

是这样写的!

任务完成度 76/118

使用眼镜，找到地球上的元素，完成这本书。

嗯?

劈劈

劈劈

地球上的元素，完成这本书。

怎么会还有这个图标哇?

啊?

地球上的元素，完成这本书。

按下

用那支笔在这里写吗？

也就是说……

哗啦哗啦

好像是这样，看起来有很多功能。

研究所？

好了，可以带你去。

我想起来了，我和以前工作过的研究所说

啊！

谢谢您！

不过这样也好！我就告诉你关于其他元素的详细信息吧。

你有这样的决心真棒！那么我们就去吧，如果有在那里也找不到的元素到时候再写。

不，能够找到的元素我一定要自己找到！

真的要去吗？不是说剩下的元素自己写下来就可以？

嗯，我想在其他地方很难找到的元素可能在那里可以找到，不过你可以写在……

我想去！

这里就是研究所。

哇！

停车声......

研究所前

好！

我们到了。

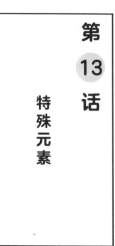

第13话

特殊元素

亮闪闪

研究中心

博士，您以前在这么大的地方做研究啊？真的好棒啊！

哈哈哈，谢谢！

噢，对了，周期表君，你就说自己是机器人吧。

如果说自己是外星人可能会很麻烦......

偷偷地说

好的！

我在这里！

人呢？

啊，看到了！

海苔北君，今天要谢谢你啦！

哪里哪里，因为是老师您的要求，无论什么时候都欢迎您来。

您好！

这是？

噢，这是我现在正在开发的机器人。

按下

噢噢，有这样的机关。

点头

啊，太棒了！这个外形是元素周期表吧？

恍然大悟，让你见识一下吧。

嗯，镧系元素和锕系元素呢？

哈哈，还在开发阶段……

嗯嗯，元素符号有的有，有的没有……啊！难道这个机器人是要把所有元素都找出来吗？

对，是这样。

如果是这样的话，我这就带你们去看机器人上面还没有显示的元素。请跟我来！

跟上

拜托你们了！

好开心！

松一口气。

103

那么，我们先从时间测量部门开始吧。

那边是铷原子钟和铯原子钟……

※本书中出场的研究中心是虚构的场所，不过光格子时钟是东京大学等研究机构实际正在研究的。据说300亿年的误差仅为1秒

悄悄地 铯原子钟

铷原子钟 悄悄悄悄

噼噼噼 噼噼噼

噢噢！这些元素符号都显示出来了！

忐忑……

K Ca
Rb S
Cs B

嗯，接下来是这边的光格子时钟，现在还正在开发……

光格子时钟※！

啪

Yb

啊，对了，这里面使用了镱！

新波老师，这个机器人的结构是什么样的？

哈哈哈，是吗？

好厉害啊！

先不说这个了，还是请你给我们介绍一下其他地方吧。

啊，好的，这里有很多部门，接下来我们去航空技术部门吧。

特殊的物品中的主要元素

飞机引擎的零部件和光纤等物品，虽然看起来不起眼，却是日常生活中不可或缺的，它们都用到了特殊元素。

航空技术部门 	飞机引擎的涡轮叶片	
	·镍（Ni） ·铼（Re） ·铪（Hf）	▶通过在以镍为基底的合金中加入铼和铪，可以提高耐热性和强度。

电子工程学部门 	掺铒光纤	
	·硅（Si） ·氧（O） ·铒（Er）	▶通过加入铒，即使是远距离的光通信，光的能量也不会减弱。

温度测量部门 	低温用温度计	
	·汞（Hg） ·铊（Tl）	▶如果加入铊，汞的熔点※会变低，因此可以在低温下使用。

※固体开始变成液体时的温度

从研究所回来的路上……

博士，非常感谢您带我来研究所，可以亲眼看到这些真是太好了！

是吗？我带你来算是有意义了。

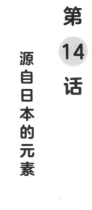

第 14 话

源自日本的元素

好，那么现在已经没有其他可以找到的元素啦？

从现在开始，我要告诉你很多东西。周期表君你记在笔记本上吧！

好的！

嗯，首先还是……

从哪个开始说呢？

就是这个！原子序数113的鿭！

113 Nh 鿭

鿭？

前几天我说到新元素时没有详细地说，在发现了新的元素时，发现者拥有对新元素的命名权。

嗯

而鿭是日本首次获得命名权的元素。

噢！

此外，这个鉨元素当然也是人工制取的。

制取方法如果简单地说，就是使两种元素冲撞，制取一个比较重的元素。

进一步说，这也是亚洲首次发现新元素。

好棒啊！

鉨 的 制 取 方 法

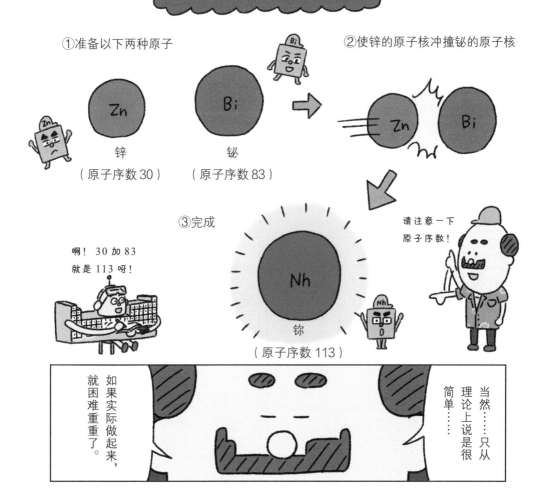

①准备以下两种原子

Zn 锌（原子序数 30）

Bi 铋（原子序数 83）

②使锌的原子核冲撞铋的原子核

③完成

Nh 鉨（原子序数 113）

啊！30 加 83 就是 113 呀！

请注意一下原子序数！

当然……只从理论上说是很简单……

如果实际做起来，就困难重重了。

首先，要让原子和原子，准确地说，是让原子核和原子核冲撞在一起。

原子核的尺寸非常小，只有1000亿分之一毫米，所以能够切实冲撞在一起的概率非常低。

目标

砰
砰
砰
砰
砰

此外，冲撞时的速度也很重要。

速度……

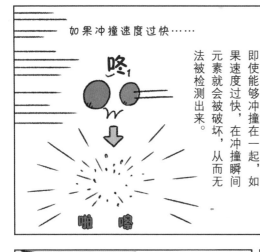

如果冲撞速度过快……

咚

啪 嚓

即使能够冲撞在一起，如果速度过快，在冲撞瞬间元素就会被破坏，从而无法被检测出来。

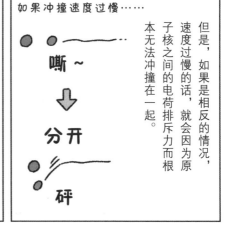

如果冲撞速度过慢……

嘶~

分开

砰

但是，如果是相反的情况，速度过慢的话，就会因为原子核之间的电荷排斥力而根本无法冲撞在一起。

正是因为认识到这是难度很高的实验，研究团队从零开始设计、建设试验设备，通过改变条件，反复进行了多次实验，最终获得了成功。

↑使原子核冲撞在一起的装置（日本理化学研究所内的装置）

顺便说一下，实验首次获得成功，确认到新的元素的时间是2004年。在此之前共进行了130万亿次冲撞实验。

哇，100万亿次？

对，而且最终只制取出来一个。制取新元素的过程就是这样困难。

而在此之后，又进行了多次实验，到2012年终于又成功地制取了两个钦原子。

这个团队制取了三个钦原子，这个成果从世界范围来看也是非常优秀的。

最终，2015年年末，113号元素正式被认定为新元素。

哈哈哈，我也一下子变得好开心！

不行，感觉一定要鼓掌才行。

哈哈，不是我制取出来的啦……

鼓掌

鼓掌

祝贺成功！

鼓掌
鼓掌
鼓掌

不过，钬元素现在被用在什么地方呢？

嗯，实际上现在这种元素还没有直接发挥过作用。

因为即使能够制取出来很快也会衰变。

那么，为什么要制取新元素呢？

啊？

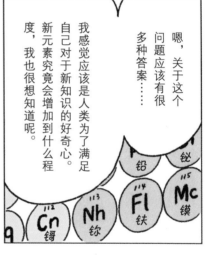

嗯，关于这个问题应该有很多种答案……

我感觉应该是人类为了满足自己对于新知识的好奇心。新元素究竟会增加到什么程度，我也很想知道呢。

铅　铋　Fl 铁　Mc 镆　Cn 锝　Nh 钬

但是，如果只是这样回答你，你应该不会信服。

据说，在比钬更重的元素中，可能会有不会很快衰变，且可以保持相对稳定状态的元素。

如果这种元素被制取出来，就可以进行化学分析了。

如果是这样，就可能会搞清楚现在谁也想象不到的事物，产生划时代的技术。

快点进行分析、研究吧！

我虽然非常重，却是稳定的元素。

啊，真的很期待啊！

是啊，也就是说，谁也预想不到的事情吧。科学家们应该就是一边这样激动地想着，一边制取新元素的吧。

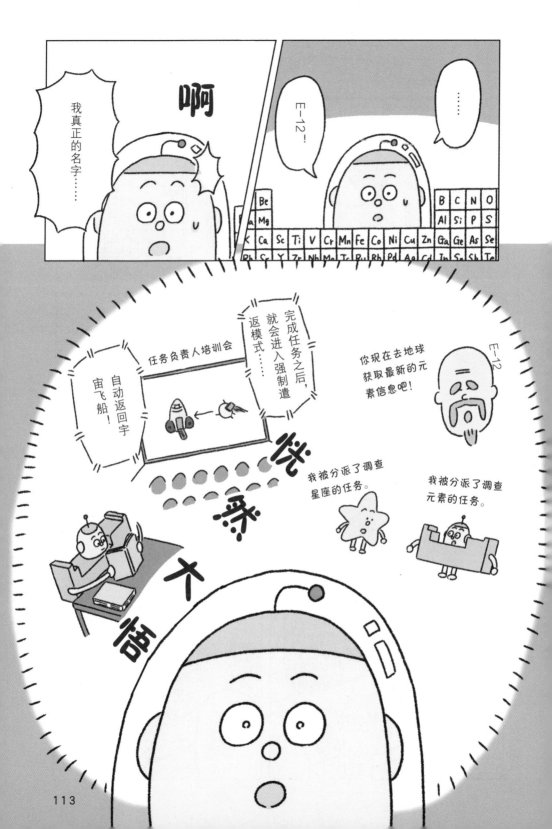

那么，那个大坑
怎么办呢？

啊，周期表君忘
穿鞋子了……

元素图鉴

表示元素的图标

在常温下的状态	固体 液体 气体	人工制取的元素		放出射线的元素	

使用范围最广的金属

26	Iron

固体

Fe

铁

发现年份：不明

在周期表中的位置

名称的由来：古凯尔特语中的"神圣的金属"。

一般认为，从地球整体来看，铁的含量是最多的。虽然很容易生锈，但是因为价格低廉、容易开采且容易加工，铁是人类最常用的金属。铁的最大特征是，根据添加物质的种类和数量不同，铁的性质会发生变化。比如说，如果在铁中加入少量碳（6），就会形成"钢"；如果在铁中加入铬（24）和锰（25）等各种元素，铁的性能就会增强。

另外，在人体中，铁还起到将氧运送到人体各个角落的重要作用。

用作家电和电子设备的零部件

用作烹饪器具和餐具

用作建筑物的结构材料（钢筋等）

用作工业机械

用作汽车的车体

包含这种元素的物品以及使用了这种元素的物品

利用程度排名第一

用作电车的车体

用作铁轨

138

这种元素的性质以及它的化合物的性质等

元素图鉴的查询方法

元素特征描述

原子序数

元素符号

元素名称

元素名称
（英语名称）

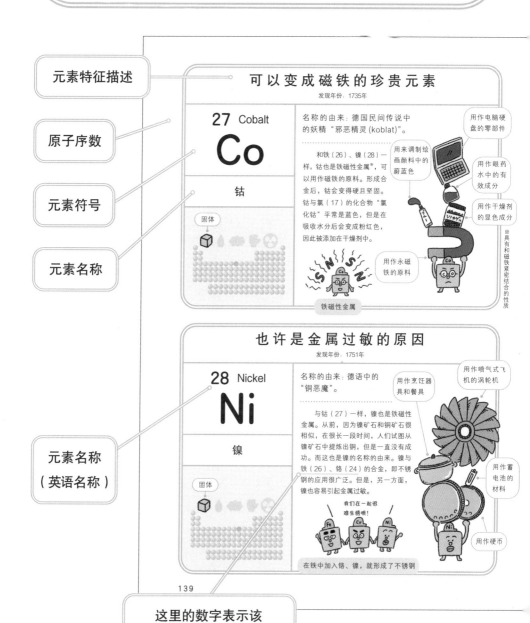

可以变成磁铁的珍贵元素

发现年份：1735年

27 Cobalt

Co

钴

固体

名称的由来：德国民间传说中的妖精"邪恶精灵(koblat)"。

和铁（26）、镍（28）一样，钴也是铁磁性金属※，可以用作磁铁的原料。形成合金后，钴会变得硬且坚固。钴与氯（17）的化合物"氯化钴"平常是蓝色，但是在吸收水分后会变成粉红色，因此被添加在干燥剂中。

用来调制绘画颜料中的蔚蓝色

用作电脑硬盘的零部件

用作眼药水中的有效成分

用作干燥剂的显色成分

※具有和磁铁紧密结合的性质

用作永磁铁的原料

铁磁性金属

也许是金属过敏的原因

发现年份：1751年

28 Nickel

Ni

镍

固体

名称的由来：德语中的"铜恶魔"。

与钴（27）一样，镍也是铁磁性金属。从前，因为镍矿石和铜矿石很相似，在很长一段时间，人们试图从镍矿石中提炼出铜，但是一直没有成功。而这也是镍的名称的由来。镍与铁（26）、铬（24）的合金，即不锈钢的应用很广泛。但是，另一方面，镍也容易引起金属过敏。

用作喷气式飞机的涡轮机

用作烹饪器具和餐具

我们在一起很难生锈啊！

用作蓄电池的材料

用作硬币

在铁中加入铬、镍，就形成了不锈钢

139

这里的数字表示该元素的原子序数

下表中的每一个纵列叫作一个"族"，每一个横行叫作一个"周期"。
例如，氧元素在周期表上位于"第16族第2周期"。

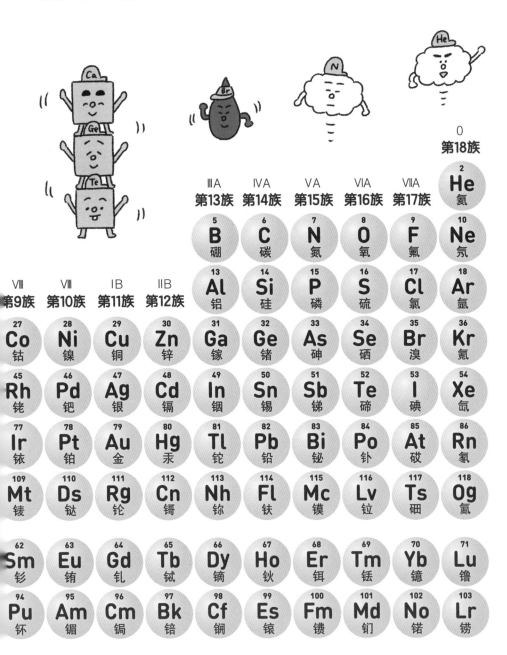

元 素 周 期 表

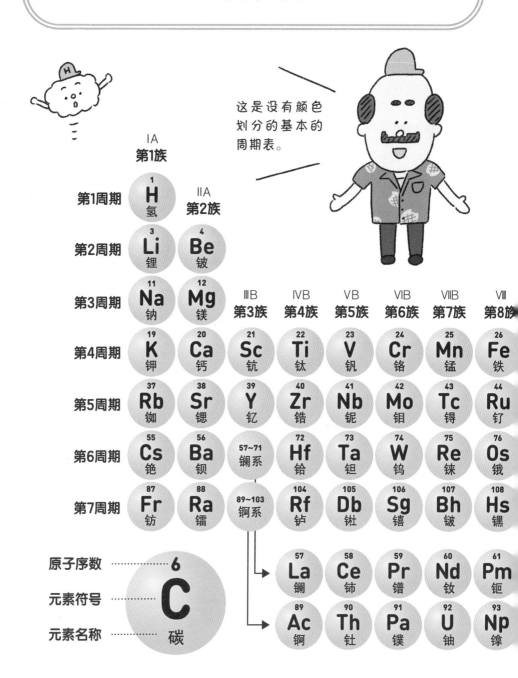

这是没有颜色划分的基本的周期表。

IA 第1族	IIA 第2族	IIIB 第3族	IVB 第4族	VB 第5族	VIB 第6族	VIIB 第7族	VIII 第8族
第1周期 ¹H 氢							
第2周期 ³Li 锂	⁴Be 铍						
第3周期 ¹¹Na 钠	¹²Mg 镁						
第4周期 ¹⁹K 钾	²⁰Ca 钙	²¹Sc 钪	²²Ti 钛	²³V 钒	²⁴Cr 铬	²⁵Mn 锰	²⁶Fe 铁
第5周期 ³⁷Rb 铷	³⁸Sr 锶	³⁹Y 钇	⁴⁰Zr 锆	⁴¹Nb 铌	⁴²Mo 钼	⁴³Tc 锝	⁴⁴Ru 钌
第6周期 ⁵⁵Cs 铯	⁵⁶Ba 钡	57~71 镧系	⁷²Hf 铪	⁷³Ta 钽	⁷⁴W 钨	⁷⁵Re 铼	⁷⁶Os 锇
第7周期 ⁸⁷Fr 钫	⁸⁸Ra 镭	89~103 锕系	¹⁰⁴Rf 𬬻	¹⁰⁵Db 𬭊	¹⁰⁶Sg 𬭳	¹⁰⁷Bh 𬭛	¹⁰⁸Hs 𬭶

原子序数 ········· 6
元素符号 ········· C
元素名称 ········· 碳

⁵⁷La 镧　⁵⁸Ce 铈　⁵⁹Pr 镨　⁶⁰Nd 钕　⁶¹Pm 钷

⁸⁹Ac 锕　⁹⁰Th 钍　⁹¹Pa 镤　⁹²U 铀　⁹³Np 镎

最小的元素

1	Hydrogen

氢

发现年份: 1766 年

气体

名称的由来: 希腊语中的"水（Hydro）"和"产生（genes）"。

氢是宇宙中最初产生的元素，且数量最多（约占宇宙整体元素的70%）。

此外，氢还是所有元素中最小和最轻的。通过氢发生核聚变反应，太阳放出光和热量。

氢还可以用作火箭的燃料。

很轻

太阳的绝大部分是氢

飘浮
飘浮

燃烧之后就会变成水

嘭

H_2O

在地球上，氢基本上是以水的形式存在

用作火箭的燃料

在人体的构成元素中，氢的含量排名第三（质量比）

使用氢的燃料电池是绿色能源，现在正在被应用在汽车上

= 3

不只是生日派对上的道具

发现年份: 1868年

2 Helium

He

氦

气体

名称的由来: 希腊语中的"太阳（Helios）"。

氦虽然在地球上的数量很少，但是在宇宙整体的含量中，仅次于氢（1）。

此外，在质量方面，只有氢比氦轻。但是，氦气不会爆炸，因此比氢更安全。人吸入氦气后，声音会变高，因此它最广为人知的用途是用作派对道具的有效成分。

第二轻

不燃性

用作气球中的气体

与氧混合用于潜水用呼吸器

用作派对道具

用作飞艇中的气体

在移动电子设备中不可或缺

发现年份: 1817年

3 Lithium

Li

锂

固体

名称的由来: 希腊语中的"石头（Lithos）"。

锂在金属中是最轻的。此外，质地柔软，甚至可以用刀子切断。

可以与水缓慢地发生反应，产生氢气。因为拥有"容易放出电子"的性质，锂很适合用作电池的材料。锂离子电池的应用很广泛。

轻松切开

非常柔软

容易放出电子

电子

用作烟花中的红色成分

用作移动电子设备的电池

用作电动汽车和混合动力汽车的电源

对人体有害，却对机械有利

发现年份：1828年

4 Beryllium

Be

铍

固体

名称的由来：发现铍的矿石"绿柱石（beryl）"。

铍轻且坚固，是一种耐腐蚀的金属。对人体有很强毒性。在铍中混入铜（29）和镍（28）的话，其强度会提高。因此，此类合金常用于精密机械的零部件。此外，铍与氧（8）的化合物耐火性强，被应用于飞机材料等方面。

轻而坚固

弹开

跳起

铍与氧的化合物耐火性强

祖母绿和水蓝宝石的构成成分

用作汽车和电子设备中的弹簧部分

用作飞机的引擎等零部件

把蟑螂都消灭

发现年份：1892年

5 Boron

B

硼

固体

名称的由来：阿拉伯语中的"硼砂（buraq）"。

硼的耐火性强，而且非常坚硬。加入硼的玻璃（硼酸盐玻璃）的耐热性极佳，即使突然倒入热水也很难裂开。此外，灭蟑药也含有硼，可以用硼砂（硼的化合物）和洗衣液制作史莱姆。

弹开

非常坚固

用作眼药水中的防腐剂

用作灭蟑药

用作试验器具和茶壶的玻璃材料

变成史莱姆

生 物 的 关 键 元 素

6	Carbon
C 碳	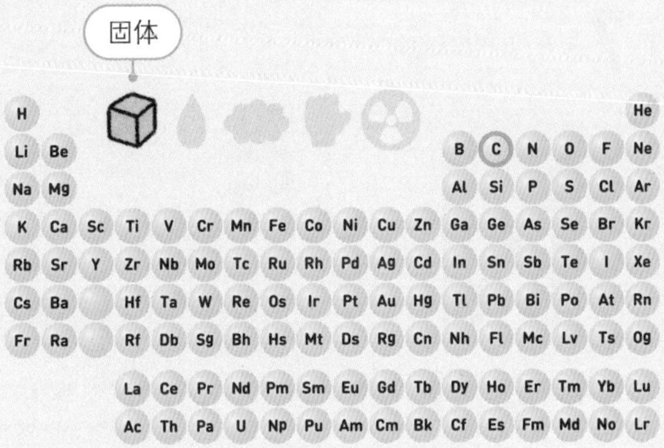
发现年份：不详	

固体

名称的由来：拉丁语中的"木炭（carbon）"。

碳是很久以前就被人类熟知的元素，也是生物的构成物质蛋白质和脂肪等的基本元素，因此十分重要。单一碳元素可以构成钻石、石墨等物质，但是这些物质中的碳原子的排列方式差别很大（参照p.80）。另外，碳可以和很多元素结合，形成很多种化合物。这些化合物可以用来制作医药用品和衣物等，应用范围很广泛。

用作飞机的机体

在植物中

在食品中

用作塑料

在人体的构成元素中，碳的含量排名第二（质量比）

形成钻石

形成石墨

可以与很多元素结合，形成很多种化合物

空气的绝大部分

7	Nitrogen
N	
氮	

发现年份：1772 年

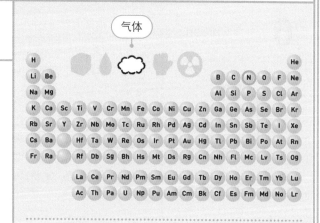

气体

名称的由来：希腊语中的"硝石（nitre）"和"产生（genes）"。

氮约占空气的80%，具有很难发生化学反应的性质。此外，氮也是构成人体的重要元素之一，主要存在于蛋白质和DNA等之中。氮与氢的化合物氨是制造肥料时的原料。变成液体状态的氮的温度低至−196℃，常被用于血液的冻结保存等方面。

用作零食等的充入气体

用作炸药

在人体的构成元素中排名第四（质量比）

很难发生化学反应

约占空气的80%

78%

用作肥料

液体温度为−196℃

没有氧就无法生存

8	Oxygen

O

氧

发现年份：1774 年

气体

																	He
H																	
Li	Be											B	C	N	O	F	Ne
Na	Mg											Al	Si	P	S	Cl	Ar
K	Ca	Sc	Ti	V	Cr	Mn	Fe	Co	Ni	Cu	Zn	Ga	Ge	As	Se	Br	Kr
Rb	Sr	Y	Zr	Nb	Mo	Tc	Ru	Rh	Pd	Ag	Cd	In	Sn	Sb	Te	I	Xe
Cs	Ba		Hf	Ta	W	Re	Os	Ir	Pt	Au	Hg	Tl	Pb	Bi	Po	At	Rn
Fr	Ra		Rf	Db	Sg	Bh	Hs	Mt	Ds	Rg	Cn	Nh	Fl	Mc	Lv	Ts	Og
		La	Ce	Pr	Nd	Pm	Sm	Eu	Gd	Tb	Dy	Ho	Er	Tm	Yb	Lu	
		Ac	Th	Pa	U	Np	Pu	Am	Cm	Bk	Cf	Es	Fm	Md	No	Lr	

名称的由来：希腊语中的"酸（oxys）"和"产生（genes）"。

氧约占空气的20%，是生物呼吸不可或缺的元素。

此外，氧的氧化性强，可以与很多元素发生反应产生氧化物。物质的燃烧、生锈也与氧有很大关系。

顺便说一下，空气中广泛存在的，我们平常吸入的氧气是由两个氧原子组成的。三个氧原子组合在一起，就会形成"臭氧"。

燃烧

呼吸和燃烧的关键角色

21%

约占空气的20%

3个氧原子组合在一起，形成臭氧

形成臭氧层，阻隔来自太阳的部分紫外线

形成水

在人体的构成元素中排名第一（质量比）

植物等的光合作用，会产生氧

形成岩石和沙子

用作火箭的助燃剂

用于不粘锅，守护牙齿

发现年份：1886年

9 Fluorine
F
氟

名称的由来：拉丁语中的"萤石（fluorite）"。

氟气的氧化性极强，可以与绝大部分元素发生反应。但是，氟与碳（6）形成化合物之后，很难再发生反应。被称为"氟树脂"的物质具有耐热性，与油和水都不相溶，因此常被涂在平底锅等上面。

常被用作喷雾用气体（氟利昂※）

用作保护牙齿的成分

用作平底锅的涂层材料

气体

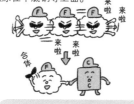

与碳组合在一起，变得更坚固

※是氟的一种化合物

在夜里的城市闪烁着怀旧的光

发现年份：1898年

10 Neon
Ne
氖

名称的由来：希腊语中的"新的（neos）"。

氖是稀有气体的一种，很难与其他物质发生反应。装在玻璃管等容器之中施加电压，就会发出红色的光，因此常被用来制作霓虹灯招牌。

此外，氩（18）等其他稀有气体也会分别发出不同颜色的光。

用作霓虹灯招牌

气体

施加电压后会发光

用作激光

静悄悄

很难发生反应

弥漫在身边的元素

发现年份：1807年

11 Sodium

Na

钠

固体

名称的由来：阿拉伯语中的"苏打（suda）"。

钠是属于碱金属的一种金属。单质钠可以与水发生剧烈反应，具有危险性，但是变成化合物后会变得很稳定，在我们身边存在着很多钠的化合物。另外，如果把钠的化合物投入火焰中，就会形成黄色的火焰。

咚

与水发生剧烈反应

黄色火焰

维持肌肉和神经的正常功能

用作固体肥皂

用作烘焙粉

形成食盐

在海水中

没有它就无法进行光合作用

发现年份：1775年

12 Magnesium

Mg

镁

固体

名称的由来：源自在希腊的"马格纳西亚（Magnesia）"这个地方发现了镁矿石。

镁是仅次于锂（3）、钠（11），排名第三的轻金属。虽然强度很高，但是容易被腐蚀。点火之后会发出强光，并剧烈燃烧。是构成植物的叶片中"叶绿素"的关键元素，叶绿素可以进行光合作用。

点火之后会剧烈燃烧

破破烂烂

容易被腐蚀

叶片中的叶绿素

用作使豆腐凝固的卤水

用作轮胎的轮轴

用作电子设备的机身

质地轻且容易加工

<table>
<tr><td>**13**</td><td>Aluminium</td></tr>
<tr><td colspan="2">## Al
铝</td></tr>
</table>

发现年份：1825 年

固体

名称的由来：古希腊和古罗马的人们将含铝元素的明矾称作"白矾（alumen）"。

铝广泛存在于地壳中，质地轻且强韧，易于加工，很难被腐蚀，因为拥有这些优点，铝被广泛应用于各个方面。而铝之所以不容易被腐蚀，是因为其表面覆盖了一层由铝和氧（8）的化合物构成的坚固保护膜。

制造铝时需要消耗大量电力，因此现在大部分的铝都是通过循环再利用进行生产的。

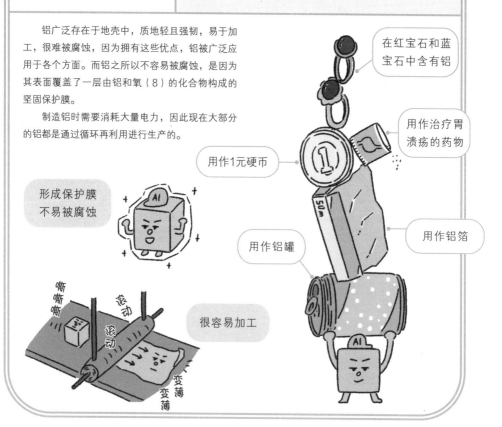

在红宝石和蓝宝石中含有铝

用作治疗胃溃疡的药物

用作1元硬币

用作铝箔

用作铝罐

形成保护膜不易被腐蚀

很容易加工

嘶嘶嘶　滚动　滚动　变薄　变薄

在集成电路中不可或缺

14	Silicon

Si
硅

发现年份：1823 年

固体

																	He
H																	He
Li	Be											B	C	N	O	F	Ne
Na	Mg											Al	Si	P	S	Cl	Ar
K	Ca	Sc	Ti	V	Cr	Mn	Fe	Co	Ni	Cu	Zn	Ga	Ge	As	Se	Br	Kr
Rb	Sr	Y	Zr	Nb	Mo	Tc	Ru	Rh	Pd	Ag	Cd	In	Sn	Sb	Te	I	Xe
Cs	Ba		Hf	Ta	W	Re	Os	Ir	Pt	Au	Hg	Tl	Pb	Bi	Po	At	Rn
Fr	Ra		Rf	Db	Sg	Bh	Hs	Mt	Ds	Rg	Cn	Nh	Fl	Mc	Lv	Ts	Og
		La	Ce	Pr	Nd	Pm	Sm	Eu	Gd	Tb	Dy	Ho	Er	Tm	Yb	Lu	
		Ac	Th	Pa	U	Np	Pu	Am	Cm	Bk	Cf	Es	Fm	Md	No	Lr	

名称的由来：拉丁语中的"坚硬的石头（Silex）"。

硅广泛存在于地壳中，含量仅次于氧（8）排第二位。根据温度和有光无光等不同的条件，可以让电路接通或断开（被称为"半导体"）。因为拥有这个性质，硅是生产集成电路零部件的材料。另外，硅与氧的化合物是沙子、石头以及玻璃的主要成分。

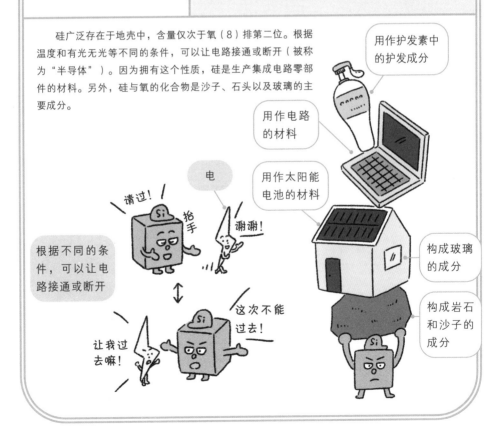

用作护发素中的护发成分

用作电路的材料

用作太阳能电池的材料

构成玻璃的成分

构成岩石和沙子的成分

根据不同的条件，可以让电路接通或断开

对人类和植物都很重要

发现年份: 1669年

15 Phosphorus

P

磷

固体

名称的由来: 希腊语中的 "光 (phos)" 和 "带来" (phoros)。

磷是构成人体的重要元素之一, 主要分布于骨骼和DNA等之中。而且, 磷对植物的生长发育很重要, 是肥料的三要素之一。此外, 就像碳 (6) 元素构成的两种物质钻石和石墨的关系一样, 磷也有很多种单体形式, 各自的性质差别很大。

用作火柴的点火剂

骨骼和牙齿中含有磷

用作肥料

白磷
有剧毒, 在空气中容易自燃

黑磷
化学性质稳定, 不易燃烧

温泉观光地的气味来源

发现年份: 不明

16 Sulfur

S

硫

固体

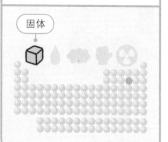

名称的由来: 以梵语中的 "火种" 为语源的 "硫黄 (sulfur)"。

硫是人类很早就熟悉的元素。硫本身没有气味, 但是硫与氢 (1) 的化合物 "硫化氢", 会发出像臭鸡蛋一样的气味。另外, 如果在橡胶中加入硫, 可以提高橡胶的弹性。因此, 硫是决定橡胶品质的重要因素。

洋葱和大蒜的气味成分

用作鞋子和轮胎的橡胶材料

温泉里含有硫

气味扑鼻!

变成硫化氢后, 会有很大的气味

说起自来水的杀菌剂，就是它了

发现年份：1774年

17 Chlorine
Cl

氯

气体

名称的由来：希腊语中的"黄绿色（chloros）"

氯气是有毒性的黄绿色的气体。即使是很低的浓度，也会刺激鼻子和喉咙的黏膜，最坏的情况会令人死亡。因为具有杀菌作用，氯常被用于自来水和游泳池的杀菌。

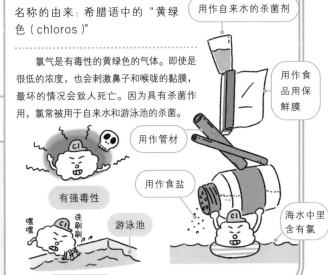

用作自来水的杀菌剂

用作食品用保鲜膜

用作管材

用作食盐

海水中里含有氯

有强毒性

嘿嘿 洗刷刷

游泳池

具有杀菌作用

在干燥空气中含量排名第三

发现年份：1894年

18 Argon
Ar

氩

气体

名称的由来：希腊语中的"懒惰的人（argos）"。

与氖（10）一样，氩也是一种稀有气体，很难与其他物质发生反应。氩在空气中的含量约为1%，比其他稀有气体多很多。与空气相比，氩气具有很难导热的性质。

用作氩弧焊时保护气体

用作提高双层玻璃窗户的保温性能的气体

用作荧光灯内的填充气体

静悄悄

很难发生反应

1%

封锁！

空气的约1%

保温性能强

肥料的三要素之一

发现年份：1807年

19 Potassium
K
钾

固体

名称的由来：阿拉伯语中的"碱（qali）"。

与钠（11）一样，钾也属于碱金属一族，可以与水发生剧烈反应。另外，如果把钾放置在空气中，很容易自燃。与氮（7）、磷（15）一样，钾是植物生长发育不可或缺的元素。

用作火柴头的药剂

在香蕉和红薯中也含有钾

用作液体肥皂

用作肥料

维持肌肉和神经的正常功能

与水发生剧烈反应

在空气中容易自燃

骨骼和牙齿的主要成分

发现年份：1808年

20 Calcium
Ca
钙

固体

名称的由来：拉丁语中的"石灰（calx）"。

钙是银白色的金属，但是其化合物大多是白色。在人体中，钙是构成骨骼和牙齿的主要成分。如果把钙的化合物投入火焰中，会形成橙黄色的火焰。

用作粉笔

在奶酪和牛奶中含有钙

用作水泥

在人体的构成元素中含量排名第五（质量比）

单质为银白色

燃烧

橙黄色火焰

用途很少，却很昂贵

发现年份：1879年

21 Scandium
Sc
钪

固体

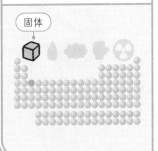

名称的由来：拉丁语中的"瑞典（scandia）"。

钪是质地软而轻的金属。世界范围内的交易量很少，价格昂贵。

属于稀土元素的一种（参照本页）。在铝（13）中加入少量的钪后形成的合金强度很高。

另外，如果在水银灯中加入钪，可以增强水银灯的亮度。

用作自行车的车体

用作棒球场的夜间照明

价格昂贵

钪与铝的合金强度很高

博士专栏

什么是稀土？

钪（21）和钇（39）以及镧系元素（57～71），共计17种元素被称为"稀土（rare earth）"。这些元素的化学性质相似，在很多方面发挥着重要作用。比如，在电动汽车等的马达使用的强力磁铁中，钕（60）是不可或缺的。另外，稀土中还包括很多无法被其他元素代替的元素，例如夜光涂料的原料铕（63），可以提高光纤功能的铒（68）等。

此外，在稀土的生产量中，中国产稀土占绝大部分※，而资源匮乏的

日本，正在抓紧研究"不过度依赖稀土的制造"。

镧系元素

※全世界流通量的80%以上是中国产

元素家族的优等生

发现年份：1791年

22 Titanium
Ti
钛

※有光照射时，具有分解污渍的功能

固体

名称的由来：在希腊神话中登场的巨人"泰坦（Titan）"。

钛是质地轻而坚固的金属，具有耐热性，并耐腐蚀。另外，钛不易引起过敏，可以与人类和谐相处。因为具有上述性质，和铝（13）一样，在我们周围也有很多用钛制作的物品。钛与氧的化合物"二氧化钛"还作为光触媒※发挥着很大作用。

用作人工牙根（植牙）

用作防晒霜中的防御紫外线的成分

用作高尔夫球棒

用作眼镜框

用作墙壁涂料（光触媒）

我们都很努力啊！

以后也要加油啊！

与铝一样，钛的应用也很广泛

变成合金后，我们都很厉害

发现年份：1830年

23 Vanadium
V
钒

固体

名称的由来：斯堪的纳维亚神话中的女神"凡娜迪丝（Vanadis）"。

钒的单质是质地柔软的金属，不过钒与铁（26）的合金被称为"钒钢"，质地非常坚硬，而且耐磨损。因此，钒钢很适合用来制作工具。另外，钒与钛（22）的合金质地轻且耐腐蚀，是生产飞机的材料。

在海鞘类这种海洋生物体内含有很多钒

用作工具

用作喷气式飞机引擎的材料

可

钒钢很坚硬

跳起

跳起

钒与钛的合金质地轻且强韧

杜绝生锈

发现年份：1797年

24 Chromium
Cr

铬

固体

名称的由来：希腊语中的"颜色（chroma）"。

铬具有耐摩擦和耐锈蚀的性质，因此被广泛应用于电镀※处理。另外，铬与铁（26）、镍（28）的合金"不锈钢"之所以不易生锈，也是因为铬在其表面形成一层保护膜。

我来保护你们！

谢谢！

更强韧，保护其他金属

用作工具

在祖母绿和红宝石里含有铬

用作精密机械的零部件

用作砝码

用作烹饪器具和餐具

※在表面镀上一层金属膜

在海底大量沉积

发现年份：1774年

25 Manganese
Mn

锰

固体

名称的由来：发现锰的矿石"软锰矿（manganous）"。

锰的单质金属的质地硬而脆。但是，如果在铁（26）中加入少量锰，就会变成"锰钢"，耐冲击和耐摩擦的性能很强，被广泛应用于各个方面。在海底沉积着含有锰、铁等元素的矿物，它们被称为"锰结核"。

咻！

打破

硬，但很脆

可

锰钢耐冲击性强

用作碱性干电池※

用作建筑用钢筋

用作锰干电池

在海底含有锰

※正式名称是「碱性锰干电池」

使用范围最广的金属

26	Iron

Fe

铁

发现年份：不明

名称的由来：古凯尔特语中的"神圣的金属"。

固体

H																	He
Li	Be											B	C	N	O	F	Ne
Na	Mg											Al	Si	P	S	Cl	Ar
K	Ca	Sc	Ti	V	Cr	Mn	Fe	Co	Ni	Cu	Zn	Ga	Ge	As	Se	Br	Kr
Rb	Sr	Y	Zr	Nb	Mo	Tc	Ru	Rh	Pd	Ag	Cd	In	Sn	Sb	Te	I	Xe
Cs	Ba	Hf	Ta	W	Re	Os	Ir	Pt	Au	Hg	Tl	Pb	Bi	Po	At	Rn
Fr	Ra	Rf	Db	Sg	Bh	Hs	Mt	Ds	Rg	Cn	Nh	Fl	Mc	Lv	Ts	Og
		La	Ce	Pr	Nd	Pm	Sm	Eu	Gd	Tb	Dy	Ho	Er	Tm	Yb	Lu
		Ac	Th	Pa	U	Np	Pu	Am	Cm	Bk	Cf	Es	Fm	Md	No	Lr

一般认为，从地球整体来看，铁的含量是最多的。虽然很容易生锈，但是因为价格低廉、容易开采且容易加工，铁是人类最常用的金属。铁的最大特征是，根据添加物质的种类和数量不同，铁的性质会发生变化。比如说，如果在铁中加入少量碳（6），就会形成"钢"；如果在铁中加入铬（24）和锰（25）等各种元素，铁的性能就会增强。

另外，在人体中，铁还起到将氧运送到人体各个角落的重要作用。

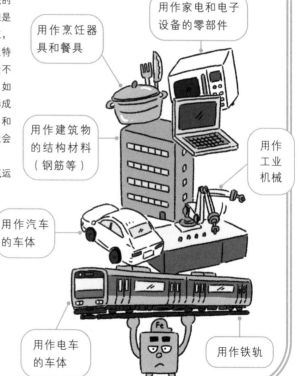

用作家电和电子设备的零部件

用作烹饪器具和餐具

用作建筑物的结构材料（钢筋等）

用作工业机械

用作汽车的车体

用作电车的车体

用作铁轨

利用程度排名第一

138

可以变成磁铁的珍贵元素

发现年份: 1735年

27 Cobalt
Co
钴

固体

铁磁性金属

名称的由来: 德国民间传说中的妖精"邪恶精灵(koblat)"。

　　和铁（26）、镍（28）一样，钴也是铁磁性金属※，可以用作磁铁的原料。形成合金后，钴会变得硬且坚固。钴与氯（17）的化合物"氯化钴"平常是蓝色，但是在吸收水分后会变成粉红色，因此被添加在干燥剂中。

用来调制绘画颜料中的蔚蓝色

用作电脑硬盘的零部件

用作眼药水中的有效成分

用作干燥剂的显色成分

用作永磁铁的原料

※具有和磁铁紧密结合的性质

也许是金属过敏的原因

发现年份: 1751年

28 Nickel
Ni
镍

固体

名称的由来: 德语中的"铜恶魔"。

　　与钴（27）一样，镍也是铁磁性金属。从前，因为镍矿石和铜矿石很相似，在很长一段时间，人们试图从镍矿石中提炼出铜，但是一直没有成功。而这也是镍的名称的由来。镍与铁（26）、铬（24）的合金，即不锈钢的应用很广泛。但是，另一方面，镍也容易引起金属过敏。

用作烹饪器具和餐具

用作喷气式飞机的涡轮机

用作蓄电池的材料

用作硬币

我们在一起很难生锈哦！

在铁中加入铬、镍，就形成了不锈钢

除铁外使用范围最广的金属

29 Copper

Cu

铜

发现年份：不明

固体

名称的由来：古代的铜产地"塞浦路斯岛"（拉丁语中的"cyprium"）。

　　铜是很久以前就被人们熟知的元素。铜带有紫红色光泽，随着时间流逝会渐渐变得暗淡。在金属中，铜的导热导电性能仅次于银（47），而且很廉价。

　　因为对人体无害（准确地说，铜具有抗菌能力），铜被广泛应用于很多方面。此外，铜合金的应用范围也很广泛，尤其是容易加工的黄铜〔锌（30）和铜的合金〕、强度高的青铜〔锡（50）和铜的合金〕很常见。

请通过！

热量　电流

谢谢！

谢谢！

容易导热导电

用作电子设备的零部件

用作电源线中的铜线

用作烹饪器具和餐具

用作金属管乐器

用作硬币

用作硬币

用作硬币

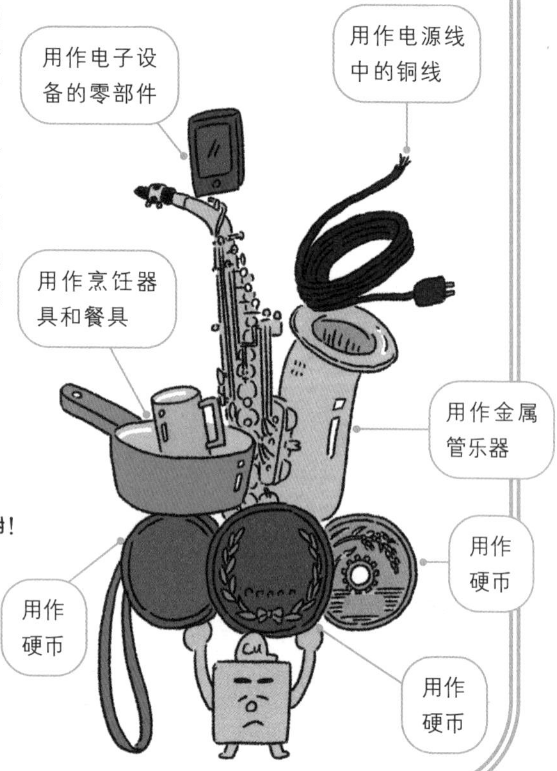

小号和圆号的材料

发现年份：1746年

30 Zinc
Zn
锌

固体

名称的由来：德语中的"zink（叉子前端）"。

锌（亚铅）这个名字的由来是，锌的颜色和外形都与铅很相似。在铁（26）表面镀上一层锌后的物质被称为"白铁"，可以防止铁生锈。另外，锌与铜（29）的合金"黄铜"被用作小号、圆号等金属管乐器的材料。

我来保护你！ 谢谢！

被广泛用于铁的镀层

用作粉底中的白色颜料

用作干电池中的电极

用作白铁皮桶

用作硬币（黄铜）

用作金属乐器

用手握住就会熔化的金属

发现年份：1875年

31 Gallium
Ga
镓

固体

名称的由来：元素的发现者的祖国法国的拉丁语名字"Gallia"。

虽然被标记为"常温下是固体"，但是镓的熔点※是30℃左右，因此是少见的可以在体温下熔化的金属。镓与砷（33）的化合物"砷化镓"具有半导体的性质，在LED（发光二极管）材料中就含有这种化合物。

超过30℃就会熔化

用作电路的材料

用作红绿灯中的LED

※固体开始变为液体的温度

在经济和工业中经常会提到"稀有金属（Rare Metal）"这个词。现在，相对于铁和铜等常见的"基本金属"，铟、钨等47种稀有的元素，在日本都被称为"稀有金属"（关于其中包含的元素，请参照下方元素周期表）。稀有金属的定义是在地球上存在量很少的金属元素，或者是从矿石中提炼出来需要花费很多工序和时间的金属元素。一般认为，必须确保稀有金属在工业方面的稳定供应。也就是说，其划分标准不是根据化学性质，而是基于"是否是工业方面的重要元素"这一点。此外，本书第135页中介绍的"稀土"也包含在稀有金属之中（在47种稀有金属中，有17种是稀土）。

稀有金属在我们的日常生活中应用很广泛。比如，在手机中就含有很多稀有金属元素：电池材料中的锂（3）、液晶屏材料中的铟（49）、电子零部件材料中的钽（73）等。另外，还有汽车、飞机、太阳能电池和医疗设备等，可以说如果没有稀有金属的话工业基础就会崩溃。因此，在大部分稀有金属都依靠进口的日本，为了以防万一，会专门储备稀有金属。

在此背景下，人们开始积极开展寻找稀有金属的活动。近年来，资源匮乏的日本在资源探查和研究开发方面取得了很多成果，例如在海底成功发现稀有金属等。说不定在未来，日本也会变成稀有金属的出口国……

稀有金属的种类

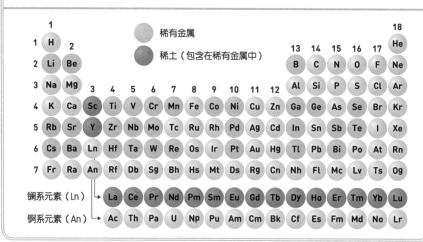

最近很少露面了

发现年份：1886年

32 Germanium
Ge
锗

固体

名称的由来：元素的发现者的祖国的古代名称"日耳曼尼亚（Germania）"。

与硅（14）一样，锗也具有半导体的性质。从前的电子设备里会用到用锗制造的零部件，但是因为用硅制造的零部件性能更好，最近很少使用锗了。

用作 DVD 的记录膜

用作光纤的添加剂

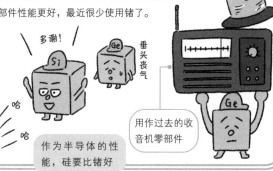

垂头丧气

多谢！

哈哈哈

用作过去的收音机零部件

作为半导体的性能，硅要比锗好

因毒性而出名

发现年份：13世纪

33 Arsenic
As
砷

固体

名称的由来：希腊语中的"黄色颜料（arsenikon）"。

砷具有很强毒性。在羊栖菜和海带里含有很多砷，不过如果是日常食用的量，并没有危险。

在工业方面，砷和镓（31）的化合物被广泛应用于LED材料。

用作电路的材料

用作红绿灯中的LED材料

具有很强毒性

光很重要

发现年份：1817年

34 Selenium
Se
硒

固体

名称的由来：希腊语中的"月亮（selene）"。

硒是人体必需元素之一，摄入不足时会引起贫血、心脏功能不全等病症，若摄入过量则引起中毒。硒在光照下，导电性增强，常用于复印机制造。

在镉黄颜料中含有硒

用作复印机的感光材料

阳光照射

请过！ 谢谢！

有光照射时，可以导电

是溴化物照片这一名字的由来

发现年份：1825年

35 Bromine
Br
溴

液体

名称的由来：希腊语中的"恶臭（bromos）"。

溴是少有的在常温下呈液体形态的元素，会发出难闻的气味，并有剧毒。溴与银（47）的化合物（溴化银）作为照片的感光材料被广泛应用。"Bromide"这个词就是来自该元素的英文名称。

用作制造农药和医药品等所需的化学药品

用作胶卷相机的胶卷和X光照片的感光剂

在常温下呈液体形态的元素是这两种

会发出刺激性气味

地球上最稀有的气体

发现年份：1898年

36 Krypton

Kr

氪

气体

名称的由来：希腊语中的"被藏起来的东西（kryptos）"。

用作相机的闪光灯和白炽灯的充入气体

氪是稀有气体的一种，很难与其他物质发生反应。在地球上存在的气体中含量最少。比氩（18）的发光效率更好，不易导热。

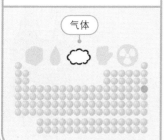

地球上很稀有

很难发生反应

静悄悄

电视台里也会用到铷原子钟

发现年份：1861年

37 Rubidium

Rb

铷

固体

名称的由来：拉丁语中的"深红色（rubidus）"。

在人造卫星里也安装了原子钟

铷是碱金属元素。铷单质的质地很软，如果把铷投入水中，会和水发生剧烈反应。

在原子钟里面会用到铷，其误差每10万年只有1秒。有的电视台也会用到原子钟。

用作原子钟

质地非常软

轻松切开

哇

嘭

和水发生剧烈反应

可以用来测算岩石等的年代

烟花中的鲜红色就是它

发现年份：1790年

38 Strontium

Sr

锶

固体

名称的由来：含有锶的菱锶矿矿石。

锶是质地软的银白色金属。如果把锶的化合物投入火焰中，会出现红色的火焰。铷锶测定法可以测算岩石等的年代。

用作烟花中的红色成分

用作发烟筒

可以用来测算岩石等的年代

很漂亮的红色火焰

激光的来源

发现年份：1794年

39 Yttrium

Y

钇

固体

名称的由来：发现钇的瑞典城镇"伊特比（Ytterby）"。

钇是伊特比四兄弟中的一员（参照p.147上方的专栏）。钇的质地很软，是一种很容易氧化的金属。钇与铝（13）形成的结晶可以产生强力的激光，在医疗和工业领域发挥着重要作用。

用作医疗用激光

用作工业用激光

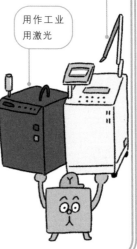

激光的来源

在瑞典首都斯德哥尔摩的郊外，有因为元素而闻名世界的"伊特比"村。而这个村子的名称是由四种元素的化学符号缩写组成的。这四种元素的名称是钇（39）、铽（65）、铒（68）、镱（70），详细的情况在这里就省略了。总而言之，人们从在这个村子发掘出来的黑色矿石"加多林（Gadolin）"中发现了这些元素。因此，人们用化学元素的名称给这个村子取了现在的名字。

顺便说一下，从这种"加多林（Gadolin）"矿石中共发现了包括上述四种元素在内的10种新元素，因而这种矿石本身也变得非常出名。

我们是伊特比四兄弟！

把核燃料包裹起来

发现年份：1789年

40 Zirconium
Zr

锆

固体

名称的由来：在"锆石（zircon）"这种矿物中含有锆。

在天然金属中，锆最难吸收中子。因为这一性质，锆被用作包裹原子能发电所使用的核燃料的材料。

另外，含有锆的陶瓷质地坚硬，最适合用来制造刀具。

用作陶瓷菜刀和剪刀

用作人工钻石

用作包裹核燃料的材料

……中子

很难吸收中子

147

中央(Linear)新干线

发现年份：1801年

41 Niobium
Nb
铌

固体

名称的由来：希腊神话中的坦塔罗斯王的女儿"尼俄柏（Niobe）"。

在温度下降到-264℃时，铌会进入超导状态。利用这一性质，铌被用作中央新干线和MRI内的电磁线圈的材料。

用作医疗用MRI（核磁共振）中的超导磁铁

电流

快过去，快过去！

在极度低温下，铌进入超导状态

用作中央新干线中的超导磁铁

我对自己的耐热性能很有自信

发现年份：1778年

42 Molybdenum
Mo
钼

固体

名称的由来：希腊语中的"铅（molybdos）"。

钼是质地坚硬、熔点非常高的金属。钼与铁（26）的合金"钼钢"的耐热、耐冲击性能都很强。钼是人体必需的元素之一，不过每天所需的量很少，日常饮食就可以补充足够的钼。

用作白炽灯内的零部件

用作飞机引擎的零部件

用作工具

燃烧

燃烧

钼钢的耐热性能很强

用作汽车的零部件

首个人工制取的元素

发现年份：1937年

43 Technetium

Tc

锝

| 固体 | 人工 | 放射性 |

名称的由来：希腊语中的"人工（technetos）"。

因为是放射性元素，会随着时间流逝而衰变，在自然界并不存在。因此，人类尝试制取出新的元素，而首次成功地人工制取的元素就是锝。锝的射线被用于癌症的诊断等方面。

用作RI检查的诊断药品

我是人工制取的元素！

在放出射线的同时衰变

被广泛应用于电脑中

发现年份：1844年

44 Ruthenium

Ru

钌

| 固体 |

名称的由来：发现者的祖国俄罗斯的古代名称"Ruthenia"。

与铂（78）相似，钌质地硬而脆，但是很耐腐蚀。在工业领域，钌被用作硬盘的材料。

另外，2001年获得诺贝尔化学奖的野依良治博士在研究中使用了钌的化合物。

用作钢笔的笔尖（前端）

用作电脑硬盘的记录介质

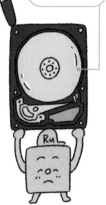

咣

打破

质地硬而脆

发出耀眼的光芒

发现年份：1803年

45 Rhodium

Rh

铑

固体

名称的由来：希腊语中的"玫瑰（rhodon）"。

铑的质地坚硬，并具有耀眼的光泽，耐腐蚀和耐摩擦性好。因此，铑经常被用于装饰品等的镀层。另外，铑还被用作净化和分解汽车尾气的催化剂※。

用作眼镜框镀层

用作饰品的镀层

用作汽车尾气的净化装置

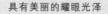

具有美丽的耀眼光泽

※改变化学反应速率的物质

可吸收900倍自身体积的氢气

发现年份：1803年

46 Palladium

Pd

钯

固体

名称的由来：1802年被发现的小行星"智神星（Pallas）"。

钯有光泽，耐腐蚀。另外，钯还具有吸附氢的性质，可以吸收相当于自身体积900倍的氢。很期待在未来的"氢能社会"，钯能够得到广泛应用。此外，和铑（45）一样，钯具有净化汽车尾气的能力。

用作首饰

用作牙科治疗材料

用作汽车尾气的净化装置

能够吸收相当于自身体积900倍的氢

在导电性能方面排名第一

47	Silver

Ag

银

发现年份：不明

固体

名称的由来：盎格鲁－撒克逊语中的"银（sioltur）"。

（元素周期表，Ag 高亮）

银是很久以前就被人们熟知的元素，因为其美丽的光泽和货币属性而被用来制作硬币、餐具和珠宝饰品。

在金属元素中，银的导电性最好，因此被用作电路材料。另外，银还具有高效地反射光的性质，因此在镜子上也会用到银（在玻璃上镀银）。此外，银还具有杀菌作用，因此在止汗喷雾等产品中会加入银。银和溴（35）的化合物"溴化银"是相机胶卷的有效成分，曾经被广泛使用。

电流

谢谢！

导电性能排名第一

阳光照射

高效地反射光

用作止汗喷雾的杀菌成分

用作电路零部件的镀层材料

用作胶卷相机的胶卷和 X 光照片的感光剂

用作硬币

用作镜子

用作餐具

用作奖牌

用作首饰

引起"痛痛病"的原因

发现年份：1817年

48 Cadmium
Cd

镉

固体

名称的由来：腓尼基神话中的"卡德摩斯（Cadmus）"王子（有多种说法）。

镉是质地很软的金属，防锈性能很强，因此被用作镀层。另外，镉还被用作镍镉电池的电极。镉对人体有毒，是发生在日本富山县神通川流域的环境公害"痛痛病"的原因。

有毒性

用作螺栓等的镀层

用来调配绘画颜料中的镉黄色

用作镍镉电池

实际上很常见

发现年份：1863年

49 Indium
In

铟

固体

名称的由来：被发现时发出的光的颜色"蓝色（Indicum）"。

铟是质地很软的金属，有毒性。铟和锡（50）、氧（8）的化合物"氧化铟锡"，像玻璃一样透明，同时像金属一样具有导电性。因此，铟很适合用作电视机等电子设备的液晶显示屏的材料。

请过！   电流

氧化铟锡是透明的，并且可以导电

用作智能手机显示屏的材料

用作触摸面板的材料

用作电视机显示屏的材料

现在变得很不起眼

发现年份：不明

50 Tin
Sn
锡

固体

名称的由来：拉丁语中的"铅和银的合金（stannum）"。

锡是一种毒性低，不易生锈，在较低温度下会熔化的金属。锡和铜（29）的合金"青铜"曾经被广泛使用。另外，在铁（26）表面镀上一层锡后，就会变成"马口铁"。锡和铅（82）的合金被用作焊锡，焊接电路零部件。

用作焊锡

用作马口铁罐头或玩具

用作硬币

用作铜像

我来保护你！

被用作铁的镀层

在发生火灾时保护你

发现年份：不明

51 Antimony
Sb
锑

固体

名称的由来：希腊语中的"讨厌孤独（anti-monos）"（有多种说法）。

锑是很久以前就被人们熟知的元素，具有光泽，质地脆，毒性强。曾经被添加在眼影等之中（现在禁止使用）。锑和氧（8）的化合物"三氧化二锑"可以使纤维和塑料等材料难以燃烧（阻燃剂）。

曾被用作眼影

用作DVD的记录介质

用作阻燃窗帘

平安无事！

三氧化二锑具有阻燃效果

大蒜的气味

发现年份：1782年

52 Tellurium
Te

碲

※1798年被命名为「碲」

固体

名称的由来：拉丁语中的"地球（tellus）"。

这个元素的命名者，在命名"碲"之前，发现了铀（92）。有鉴于此，碲也根据行星进行命名※。

碲有毒性，进入人体后会发出刺鼻的大蒜气味。另外，碲、锗（32）和锑（51）的合金被用作DVD的材料。

用作小型冰箱的冷却部分的材料

用作DVD的记录介质

有毒性

在日本分布很广

发现年份：1811年

53 Iodine
I

碘

固体

名称的由来：希腊语中的"紫色（ioeides）"。

碘是有紫黑色光泽的固体，具有杀菌能力，因此在含漱剂和消毒液中含有碘。碘还是人体必需的元素之一。

在资源匮乏的日本，碘的产量很高，在全世界排名第二（第一是智利）。

海带中含有很多

呀!

用作含漱剂

具有杀菌能力

有名的"隼鸟号"的动力源

发现年份: 1898年

54 Xenon
Xe
氙

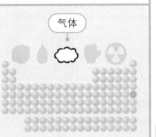

气体

名称的由来: 希腊语中的"不常见的 (xenos)"。

和氖 (10) 等元素一样, 氙也是一种稀有气体, 很难与其他物质发生反应。施加电压后会发光, 人们利用氙的这一性质, 将其应用在汽车前灯等产品之中。另外, 在小行星探测器"隼鸟号"中, 氙是为引擎提供推进力的材料之一。

很难发生反应

施加电压, 会发出蓝白色光

用作隼鸟号、隼鸟2号的动力源

用作日光浴机的光源

用作汽车车灯

记录准确的时间

发现年份: 1860年

55 Caesium
Cs
铯

固体

名称的由来: 拉丁语中的"蓝天 (caesius)"。

和钠 (11) 等元素一样, 铯属于碱金属。熔点为约28℃, 因此在体温下会熔化。另外, 有一种原子时钟使用了铯, 其误差为每2000万年1秒。因为其准确性, 铯原子钟被用来制定1秒的时长的标准。

用作铯原子钟

好的, 1秒!

制定时间的标准

基本常识是有毒

发现年份：1808年

56 Barium
Ba
钡

固体

名称的由来：希腊语中的"重的（barys）"。

钡是一种在空气中容易氧化，有毒性的金属。不过，我们进行胃检查时喝下的硫酸钡这种化合物（X光无法通过，因此会呈现出胃的形状）不会对人体造成伤害。如果把钡的化合物投入火焰中，会出现绿色火焰，因此被用于制作烟花。

用作烟花的绿色成分

用作胃X光检查的造影剂

有毒性

燃烧之后出现绿色火焰

镧系元素中的头号击球手

发现年份：1839年

57 Lanthanum
La
镧

固体

名称的由来：希腊语中的"隐蔽（lanthanein）"。

镧是镧系元素（性质相似的15种元素）中的头号元素。如果在玻璃中加入镧，其折射率会提高。另外，镧和镍（28）的合金能够吸收氢，因此镧还被用作镍氢电池的材料。

用作相机镜头

用作混合动力汽车的电池

吸收氢

阻隔紫外线

发现年份：1803年

58 Cerium

Ce

铈

固体

名称的由来：在 1801 年被发现的小行星"谷神（Ceres）"。

在镧系元素中，铈在地壳中含量最多。铈和氧的化合物（氧化铈）具有吸收紫外线的性质，因此被用于生产汽车车窗玻璃等产品。另外，铈还具有净化汽车尾气的能力。

紫外线　嘶！

氧化铈可以吸收紫外线

用作太阳镜的镜片

用作汽车的窗玻璃

用作汽车尾气的净化装置

应用范围真的很小

发现年份：1885年

59 Praseodymium

Pr

镨

固体

名称的由来：希腊语中的"蓝绿色（prasisos）"和"双胞胎（didymos）"的组合。

镨和下一个元素钕（60）是从同一种物质中被发现的。其名称的由来也与此相关。含有镨的玻璃可以高效地吸收蓝色的光，因此被用于焊接用护目镜。

我们是双胞胎！

镨和钕是从同一种物质中被发现的

用来调配黄色颜料镨黄

用作焊接护目镜的镜片

中

最强磁铁

发现年份：1885年

60 Neodymium
Nd
钕

固体

名称的由来：希腊语中的"新的（neo）"和"双胞胎（didymos）"的组合。

用钕、铁（26）、硼（5）制作的磁铁被称为"钕磁铁"，在日常销售的磁铁中是拥有最强磁力的永磁铁。而这种磁铁是日本人※在1982年开发出来的。这种强力磁铁被广泛应用于汽车马达等产品之中。

用作头戴式耳机的扩音器

用作电脑硬盘

用作混合动力汽车的马达

用作手机的振动马达

钕矿石的磁性很强

※当时的住友特殊金属（现在的日立金属）的佐川真人团队

很 快 就 衰 变

发现年份：1947年

61 Promethium
Pm
钷

固体　人工　放射性

名称的由来：希腊神话中的神"普罗米修斯（Prometheus）"。

钷在自然界几乎不存在，是由人工制取的元素。

和锝（43）一样，钷无法稳定存在，在衰变时会放出射线（放射性元素）。曾经被用作夜光涂料，但是现在考虑到安全问题不再使用了。

曾经被用作时钟的夜光涂料

我是人工制取的！

在放出射线的同时衰变

158

曾经的最强磁铁

发现年份：1879年

62 Samarium

Sm

钐

固体

名称的由来：发现钐的矿物
"铌钇矿石（Samarskite）"。

钐主要被用作磁铁的材料。钐和钴（27）形成的磁铁，在钕磁铁面世之前，曾经是世界上磁性最强的。但是，钐钴磁铁在高温条件下仍可以保持磁性，且不易生锈，因此现在仍在使用。

钐磁铁曾经是世界上磁性最强的磁铁

用作风力发电机的马达

用于早期（20世纪80年代）的随身听

用作手表的零件

用作电吉他的零件

在黑暗中发光

发现年份：1896年

63 Europium

Eu

铕

固体

名称的由来：发现铕的地方
"欧洲大陆（Europe）"。

铕主要被用作反光材料。紧急出口标识等上面的夜光涂料里含有镝（66），镝在有光的时候可以存储光能，而铕获得光能并发光。另外，铕还能够被应用于明信片上使用的特殊墨水。

光能

利用镝存储的光能而发光

曾经被用作显像管电视机的发光体

用作标识上的夜光涂料

用作明信片上使用的特殊墨水

具有磁性的珍贵元素

发现年份：1880年

64 Gadolinium
Gd

钆

固体

名称的由来：以芬兰的矿物学者"加多林（Johan Gadolin）"命名。

　　钆是在常温状态下具有很强磁性的珍贵金属。利用这一性质，钆被用作医疗MRI（利用磁性对人体内部进行检查的装置——核磁共振）时喝下的诊断药剂。另外，钆还具有吸收中子的特殊性能。

具有磁性

中子

嘶！

容易吸收中子

用作光盘（20世纪90年代常用的记录载体）的材料

用作医疗MRI诊断药剂（可以使图像变得更清晰）

在磁场中会变形的珍贵元素

发现年份：1843年

65 Terbium
Tb

铽

固体

名称的由来：发现铽的瑞典的城镇"伊特比（Ytterby）"。

　　铽是伊特比四兄弟中的一员（参照p.147）。铽具有一个珍贵的性质，即施加磁力后会变形。

　　铽和铁（26）、镝（66）形成合金后，这一性质会进一步强化。

因为磁性而变形

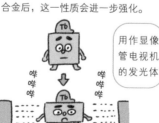

用作电动自行车中的传感器

用作彩色打印机的印字部分

用作显像管电视机的发光体

发生意外时的标识

发现年份：1886年

66 Dysprosium
Dy
镝

固体

名称的由来：希腊语中的"很难接近（dysprositos）"。

在人们最初发现镝时，很难提取出纯粹的元素，这一性质也是其名称的由来。

镝可以存储光能，因此被用作夜光涂料的蓄光成分。另外，如果在钕磁铁中加入镝，钕磁铁的可使用温度会上升。

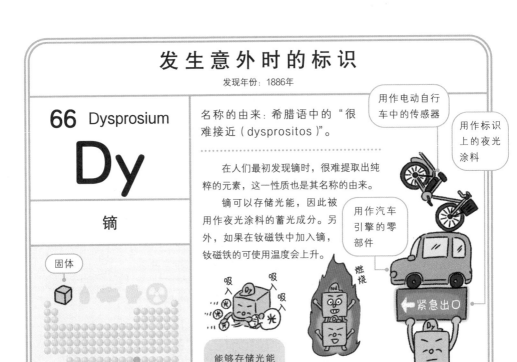

用作电动自行车中的传感器

用作标识上的夜光涂料

用作汽车引擎的零部件

←紧急出口

能够存储光能

提高钕磁铁的耐热性能

对人体造成很低损伤的激光手术刀

发现年份：1879年

67 Holmium
Ho
钬

固体

名称的由来：发现钬的斯德哥尔摩的古代名称"Holmia"。

钬是质地略软的银白色金属。钬的表面在空气中会和氧发生反应，呈现出暗淡的黄色。

有一种医疗用激光手术刀中添加了钬元素。这是因为这种手术刀在使用时产生的热量较少，可以同时切开患病部位和止血，因此对患者造成的损害较小。

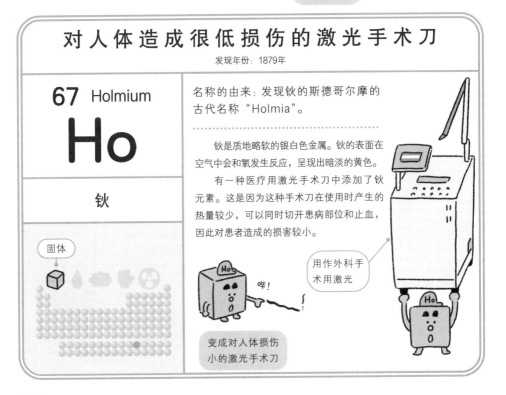

用作外科手术用激光

变成对人体损伤小的激光手术刀

被用在光纤中

发现年份: 1843年

68 Erbium

Er

铒

固体

名称的由来: 发现铒的瑞典城镇"伊特比 (Ytterby)"。

　　铒是伊特比四兄弟中的一员（参照p.147）。光纤在现代社会是不可或缺的，但是在进行长距离光纤通信时，光信号能量会降低。含有铒的光纤可以使变弱的光信号恢复能量。

用作美容外科用激光

用作光纤

使变弱的光信号恢复能量

发现射线时会发出通知

发现年份: 1879年

69 Thulium

Tm

铥

固体

名称的由来: 瑞典的城镇 "Thule" (有多种说法)。

　　如果在吸收射线后对铥加热，铥会发光。利用这一性质，铥被用作射线检测仪[※]。

　　另外，和钬（67）一样，铥还被用作医疗用激光的添加剂。

用作射线检测仪

射线

用作外科手术用激光

如果在被射线照射后加热，会发光

※用来测量环境是否被射线污染的工具

我可以切断任何东西

发现年份：1878年

70 Ytterbium

Yb

镱

固体

变成可以轻松切断
铁等物质的激光

名称的由来：发现镱的瑞典城镇"伊特比（Ytterby）"。

镱是伊特比四兄弟中的一员（参照p.147）。

含有这一元素的激光可以轻易地切断铁或者打孔。另外，镱还被用作超高精度"光格子时钟"（误差为每300亿年1秒）的研究开发材料。

用作工业用激光

用作光格子时钟的研究材料

价格很高

发现年份：1907年

71 Lutetium

Lu

镥

固体

比金银更昂贵

名称的由来：巴黎的古代名称"鲁特西亚（Lutetia）"。

镥在地壳中的含量比金（79）和银（47）多，但是由于很难提取，所以价格昂贵。因此，在工业领域的应用范围很小。但是，在医疗领域，镥被应用在RI检查装置之中。

用作RI检查装置的射线检测仪

用于岩石等的年代测算（镥铪测序法）

不好意思，我的价格更高！

我可以控制核裂变

发现年份：1923年

72 Hafnium

Hf

铪

固体

名称的由来：哥本哈根的拉丁语名称"Hafnia"。

铪与同族元素锆（40）的化学性质很相似。不过，在针对中子的性质方面是相反的，铪可以很轻松地吸收中子。因此，铪被用作在核能发电中使用的控制棒※的材料。

用作控制棒

用于喷气式飞机的引擎

中子

可以轻松地吸收中子

实际上，钽被应用于很多电子产品

发现年份：1802年

73 Tantalum

Ta

钽

固体

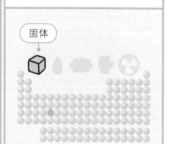

名称的由来：希腊神话中的神"坦塔洛（Tantalos）"。

钽是质地非常硬，但很容易加工的金属。钽不会与人体发生反应，基本无害，因此被用于制造人工关节和牙科材料。

另外，使用钽制造的电容器※的体积小、容量大，因此被广泛应用于各个方面。

用作人工牙根

用作人工股关节的材料

用作家电和电脑等的电子零部件

与人类友好相处

耐热性能 No.1

发现年份: 1781年

74 Tungsten

W

钨

固体

名称的由来: 瑞典语中的
"很重的石头 (tungsten)"。

用作金属加
工用工具

用作圆珠笔
的笔尖部分
的超硬球珠

钨是质地非常硬且很重的金属。
而且, 在所有金属中, 钨的熔点最
高。也就是说, 钨的耐热性能最强。
而且, 钨还可以进行精细加工, 因此
最适合用作白炽灯的灯丝。此外, 钨和
碳 (6) 的化合物 "碳化钨" 的质地非
常硬而且坚固。

用作白炽
灯的灯丝

在金属中耐
热性能最强

质地最硬

发现年份: 1925年

75 Rhenium

Re

铼

固体

名称的由来: 莱茵河的拉丁语
名称 "Rhenus"。

用作高温下温度
传感器用电线

铼有很多优点, 例如在金属中质地最
硬、熔点很高等。但是, 因为总量很少, 铼
十分昂贵, 应用范围很小。铼曾经被宣称为
原子序数43的元素 "锝", 后来被判定为错
误 (详情请参照p.166)。

用作喷气式
飞机的引擎
的涡轮机

在金属中质地最硬

2016 年，日本首次获得命名权的元素 "鉨（Nh）" 被加入元素周期表。其实早在 100 多年前，就已经有了与日本相关的元素名称，关于这一点很多人不知道。

早在 1908 年，从日本赴英国留学的小川正孝当时在进行矿物的分析研究。作为一名非常优秀的化学家，他向外界宣布自己在研究中成功地发现了新元素。接着，他宣称该元素就是当时还没有被发现的 43 号元素，并将其命名为 "Nipponium"。

但是，在此之后其他研究者重复进行了小川的实验，却无论如何都无法确认 "Nipponium" 这一元素的存在。结果，小川的研究成果没有得到科学界认可，而 "Nipponium" 这个元素名称也被取消。

后来，科学界认定原子序数 43 的元素在自然界并不存在，两位意大利物理学家佩里埃 (C.Perrier) 和埃米利奥·吉诺·塞格雷 (E.G.Segré) 在 1937 年人工制取出该元素，并将其命名为 "锝（Technetium）"。随后，该元素被加入元素周期表，而 "锝" 也是首次人工制取的元素。

就这样，到了 20 世纪 90 年代后半段，情况发生了改变。科学家发现，"Nipponium" 居然和原子序数 75 的元素 "铼（Re）" 是一种元素（当时日本东北大学的吉原教授基于小川留下的实验成果和资料进行再研究后确定）。而且，铼在元素周期表中是锝的同一列下一行的元素，在 1925 年由德国科学家发现。小川向外界报告自己发现了 "Nipponium" 的时间是 1908 年，可以说小川更早地发现了 75 号元素。也就是说，如果小川发现该元素时的技术更发达一些，他的发现就会变成 "75 号元素"，或许现在记载在元素周期表里的 75 号元素的名称就不是 "铼（Re）"，而是 "Nipponium" 了。

小川正孝

元素名称的由来有些悲惨

发现年份：1803年

76 Osmium

Os

锇

固体

名称的由来：希腊语中的"臭的（osme）"。

锇是质地很硬的略带蓝色的银色金属。

锇和氧（8）的化合物"四氧化锇"有强烈的气味，这也是元素名称的由来。锇和铱（77）、钌（144）的合金质地非常坚硬，耐酸碱性很强。

用作钢笔的笔尖（前端）

用作唱片机针头

四氧化锇会发出强烈气味

最难被腐蚀

发现年份：1803年

77 Iridium

Ir

铱

固体

名称的由来：希腊神话中的"伊特比（Ytterby）"。

铱是在地球上含量非常少的元素。铱单质质地很硬，在所有金属中最耐腐蚀。

王水※这种酸可以溶解金（79）和铂（78），但是它却很难溶解铱。曾经被用作长度和重量国际标准的米原器和公斤原器就是用铂和铱的合金制作的。

用作钢笔的笔尖（前端）

用作国际标准米原器和公斤原器

※浓盐酸和浓硝酸以体积比3:1组成的混合物，腐蚀性极强

很难被腐蚀

我的用途并不只是首饰

78	Platinum

Pt

铂

固体

（周期表，Pt 高亮）

发现年份：不明

名称的由来：西班牙语中的"很小的银（platina）"。

　　铂的色泽是美丽的银白色，很耐腐蚀，很稀少，这些特性使铂制首饰大受欢迎。

　　不过，被称为"白金（White Gold）"的物质是以"金（79）"为基底形成的合金，和铂是两种物质。铂具有催化剂的性能，因此在工业领域应用很广泛。

　　另外，在医疗领域，铂还被用作癌症的治疗药物等，实际上它的应用范围很广。

很耐腐蚀

化学反应

噔噔噔

加快化学反应

很稀少、很有价值

用作癌症的治疗药物

用作米原器和公斤原器

用作汽车尾气的净化装置

用作首饰

永远光辉灿烂

79	Gold

Au

金

发现年份：不明

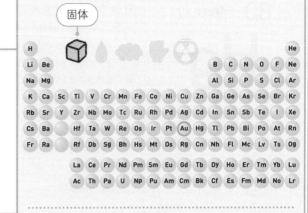

固体

名称的由来：拉丁语中的"太阳的光辉（Aurum）"。

金是很久以前就被人们熟知的元素。它很难发生化学反应，很耐腐蚀，因此它独有的金黄色色泽不会消失。而且，金在地壳中的存量很稀少，这些特性使得金在世界范围内被用作流通货币和珠宝饰品等。

另外，金很容易加工，导电性能好，因此很适合用作电子零部件的镀层。

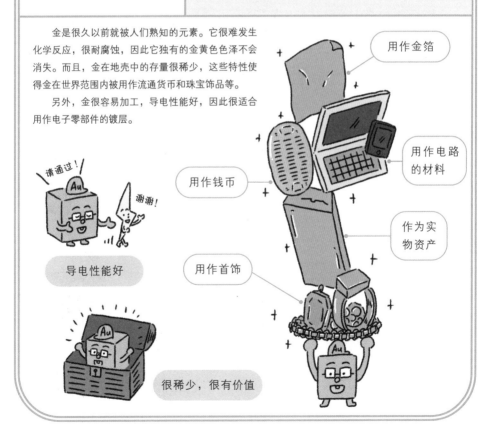

请通过！

谢谢！

导电性能好

很稀少，很有价值

用作钱币

用作首饰

用作金箔

用作电路的材料

作为实物资产

曾经应用范围很广

发现年份：不明

80 Mercury
Hg
汞

液体

名称的由来：罗马神话中的商业之神"墨丘利（Mercurius）"。

汞是在很久以前就被人们熟知的元素，如果从容器中洒出，就会变成球状。

汞在化学方面有很多优点，曾经被广泛应用于体温计和镏金材料，但是因为水俣病（20世纪50年代发生在熊本县的环境公害）等事件，人们开始关注汞的毒性，开始减少使用汞。

与其他鱼类相比，在金枪鱼中含量更多

用作消毒剂的杀菌成分

曾被用作蛀牙的治疗材料

汞蒸气有毒性

用作荧光灯的充入气体

曾被用于体温计

变成球状

曾经被用来驱鼠

发现年份：1861年

81 Thallium
Tl
铊

固体

名称的由来：希腊语中的"绿色小枝条（thallos）"。

铊是质地软且毒性高的金属，曾经被用作驱鼠剂，但是由于对人类也会带来危险，现在已经不再使用了。铊具有放射性，被用作心脏的检查药剂（因为量少，不会对人体产生影响）。

曾被用作驱鼠剂

铊和汞的合金被用于低温用温度计

用作心肌血液的检查药剂

质地软

毒性很高

阻隔射线

发现年份: 不明

82 Lead
Pb

铅

固体

名称的由来: 源于拉丁语中的"铅(plumbum)"。

铅是很久以前就被人们熟知的元素,具有毒性。

另外,铅具有阻隔X光等射线的性能。利用这一点,人们在玻璃中加入铅(铅玻璃),将其用在医院的很多地方。

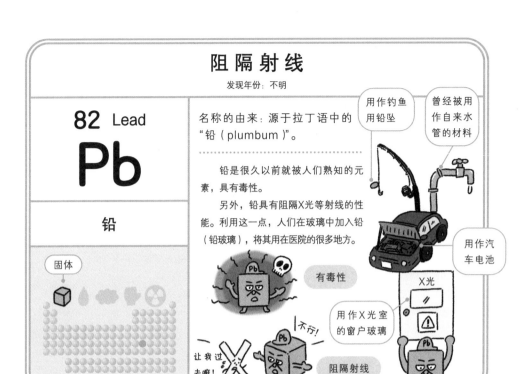

用作钓鱼用铅坠

曾经被用作自来水管的材料

用作汽车电池

有毒性

用作X光室的窗户玻璃

X光

让我过去嘛!

不行!

阻隔射线

可以一直看着它

发现年份: 不明年

83 Bismuth
Bi

铋

固体

名称的由来: 拉丁语中的"融化(bisemutun)"(有多种说法)。

铋是很久以前就被人们熟知的元素。铋原本是银白色,和氧发生反应后会在表面形成彩虹色的膜。另外,和前一个元素铅(82)和后一个元素钋(84)不一样,铋没有毒性。

铋和铅(82)和锡(50)等的合金(伍德合金)是一种有名的低熔点合金。

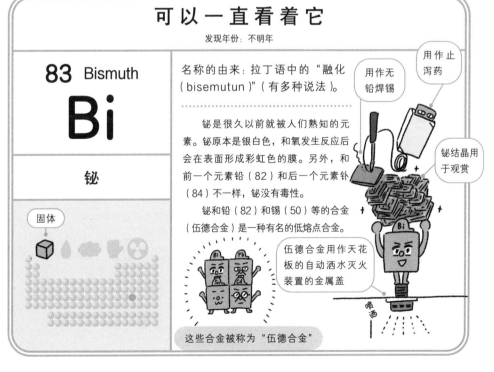

用作无铅焊锡

用作止泻药

铋结晶用于观赏

伍德合金用作天花板的自动洒水灭火装置的金属盖

喷洒

这些合金被称为"伍德合金"

存在量最少

发现年份：1940年

85	Astatine
At	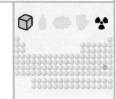
砹	

名称的由来：希腊语中的"不稳定（astatos）"。

砹是放射性元素，在天然存在的元素中，砹的存在量最少。这是因为它会很快衰变，变成其他元素。

砹基本是由人工制取的。

很快就会衰变

非常危险的元素

发现年份：1898年

84	Polonium
Po	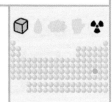
钋	

名称的由来：发现者的祖国"波兰（Poland）"。

钋是放射性元素，具有强毒性，是非常危险的元素。

钋由波兰裔物理学家玛丽·居里※（1867—1934）发现，在日常生活中基本没有用途。

博士专栏　　　　放射性元素

"放射性元素"就是"可以放出射线的元素"。简单来说，就是元素在发生衰变时会放出射线。本书第97页写道"放射性元素是指能够放出射线的元素。有的元素即使是很少的量也会对人体有害。"实际上，射线也有可以发挥作用的时候。在医疗领域，在拍X光相片时使用的X光在很多诊断中是不可或缺的。另外，锝（43）所放出的伽马射线被用作心脏病和癌症的诊断手段。不过，前提条件是这些射线的能量必须很弱，而且一定要谨慎操作。

我要在医疗领域加油！

曾被用在时钟里

发现年份：1898年

88 Radium

Ra
镭

名称的由来：拉丁语中的"射线（radius）"。

镭是放射性元素。因为在黑暗的地方会发光，镭曾经被用作夜光涂料。镭的发现者之一玛丽·居里因为常年的科学研究，受到了射线的危害，患上白血病而死亡。

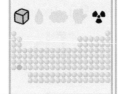

曾被用作夜光涂料

在温泉里可能会遇到

发现年份：1900年

86 Radon

Rn
氡

名称的由来：制取该元素所需要的元素"镭（Radium）"。

氡是放射性元素。和氖（10）等元素一样，氡也是一种稀有气体。镭（88）发生衰变时会产生氡，而这也是其名称的由来。在温泉和地下水里可能会含有氡。

作为温泉的成分

锕系元素的头一号

发现年份：1899年

89 Actinium

Ac
锕

名称的由来：希腊语中的"光线（aktis）"。

锕是放射性元素，也是性质相似的元素的集合"锕系元素"的头一号。

锕存量少，仅在铀矿石里含有很少量，在日常生活中基本没有用途，主要用于研究。

铀矿石

源自法国国名的元素

发现年份：1939年

87 Francium

Fr
钫

名称的由来：发现者的祖国"法国（France）"。

钫是放射性元素。在天然存在的元素中，钫是最后被发现的，在日常生活中基本没有用途。

钫的发现者是法国的女性化学家玛格丽特·佩里（Marguerite Perey）。

玛格丽特·佩里
（1909—1975）

就像是锕的父母一样的存在

发现年份：1918年

91 Protactinium

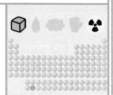

Pa
镤

名称的由来：希腊语中的"最初（protos）"沾在锕上的。

镤是放射性元素，衰变后会变成锕（89），而这也是其名称的由来。

镤被用于研究，在日常生活中基本没有用途。

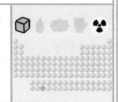

镤衰变后变成锕

曾因不知其危险而使用

发现年份：1828年

90 Thorium

Th
钍

名称的由来：发现钍的矿物（钍石）的由来，即神的名字"托尔（Thor）"。

钍是放射性元素。

在刚发现钍元素时，人们不知道它有放射性，因此它曾经被广泛应用于很多事物。

用作野营用手提灯的灯罩

原子能产业的中心

发现年份：1789年

92 Uranium

U

铀

固体　放射性

名称的由来：1781年被发现的行星"天王星（Uranus）"。

铀是放射性元素。如果用中子轰击铀的原子核，会引起核裂变，产生巨大的能量。如果在施加控制措施的基础上进行核裂变反应，就是原子能发电，而不加控制地瞬间释放核裂变的能量就是原子弹。

用作核武器

用作玻璃的染色剂

用作原子能发电的核燃料

中子

核裂变产生巨大的能量

名称源自美洲的元素

发现年份：1945年

95 Americium

Am
镅

名称的由来：模仿在元素周期表中位于镅正上方的铕（Europium），镅的名称也源自发现地"美洲大陆"。

镅是人造放射性元素。在世界其他地方有利用镅元素的辐射能制造的烟感报警器，不过在日本不允许使用。在镅元素之后，元素名称大多源自地名或人名。

用作烟感报警器

人工制取元素的先锋

发现年份：1940年

93 Neptunium

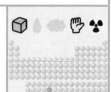

Np
镎

名称的由来：因为镎是铀的下一个元素，其名称也来自天王星旁边的行星"海王星（Neptune）"。

镎是人工制取元素的先锋，是放射性元素。现在，科学家发现，镎和下一个元素钚（94），在自然条件下也存在，当然仅有微量。

仅含有微量镎元素的铀矿石

向居里夫妇致敬

发现年份：1944年

96 Curium

Cm
锔

名称的由来：为了向对放射性研究做出了很大贡献的居里夫妇致敬。

锔是人造放射性元素，主要用于研究。原本科学家期望可以将锔用作原子能电池的材料，但是却被钚（94）取代了。当然，并不是居里夫妇发现了这个元素。

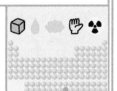

居里夫妇
（玛丽·居里、皮埃尔·居里）

十分危险的元素

发现年份：1940年

94 Plutonium

Pu
钚

名称的由来：因为钚是镎的下一个元素，其名称也来自海王星旁边的矮行星"冥王星（Pluto）"。

钚是人造元素，具有很强的辐射能和毒性，通常被用作原子能发电的核燃料和原子能电池※的能源。此外，钚还被用于核武器。

※具有将射线的能量转变为电能的功能

用作行星探测器和人造卫星的电池

伟大的物理学家

发现年份：1952年

99 Einsteinium

Es

镱

名称的由来：向德裔物理学家"阿尔伯特·爱因斯坦（Albert Einstein）"致敬。

··

　　镱是放射性元素，主要用于研究。镱元素是科学家于1954年宣称从核反应堆中制取的。而实际上，该元素是从世界首次氢弹试验（1952年）的灰尘中发现的。这个事实一直被当作军事机密，直到1955年才公布于世。

阿尔伯特·爱因斯坦（1879—1955）

源自美国的伯克利

发现年份：1949年

97 Berkelium

Bk

锫

名称的由来：试验设备所在地加州大学伯克利分校的所在城市"伯克利（Berkeley）"。

··

　　锫是人造放射性元素，主要用于研究。锫具有很强的放射性，因此十分危险。
　　美国加利福尼亚州大学的化学家格伦·西奥多·西博格（Glenn Theodore Seaborg）等基于镅（95）和氦（2）制取出了锫。

和镱同时被发现

发现年份：1952年

100 Fermium

Fm

镄

名称的由来：向意大利物理学家"恩利克·费米（Enrico Fermi）"致敬。

··

　　镄是人造放射性元素，主要用于研究。
　　和镱（99）一样，镄也是从氢弹试验（1952年）的灰尘中发现的。
　　费米是完成世界上首个核反应堆的科学家。

恩利克·费米
（1901—1954）

最为贵重的元素

发现年份：1950年

98 Californium

Cf

锎

名称的由来：试验设备所在地加州大学伯克利分校的所在州"加利福利亚（California）"。

··

　　锎是人造放射性元素，主要用于研究。
　　美国化学家格伦·西奥多·西博格（Glenn Theodore Seaborg）等基于锔（96）和氦（2）制取出了锎。
　　在学术领域，必须写作"Californium"。

粒子加速器之父

发现年份：1961年

103 Lawrencium

Lr
铹

名称的由来：向美国物理学家欧内斯特·劳伦斯（Ernest Orlando Lawrence）致敬。

....

铹是人造放射性元素，主要用于研究。

美国的吉奥索（A. Ghiorso）团队用硼（5）原子轰击锎原子（98），制取出了铹。而其名称的由来是劳伦斯发明了粒子加速器。

欧内斯特·劳伦斯
（1901—1958）

元素周期表之父

发现年份：1955年

101 Mendelevium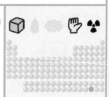

Md
钔

名称的由来：向俄国化学家德米特里·伊万诺维奇·门捷列夫致敬。

....

钔是人造放射性元素，主要用于研究。

美国的格伦·西奥多·西博格团队基于锿（99）和氦（2）制取出了钔。门捷列夫（在本书中也出现过）制作出了元素周期表的原型。

德米特里·伊万诺维奇·门捷列夫
（1834—1907）

原子核物理学之父

发现年份：1969年

104 Rutherfordium

Rf
𬬻

名称的由来：向英国物理学家欧内斯特·卢瑟福（Ernest Rutherford）致敬。

....

𬬻是人造放射性元素，主要用于研究。美国的吉奥索（A.Ghiorso）团队用碳（6）原子轰击锎（98）原子，制取出了𬬻。

卢瑟福发现了原子核，对原子核物理学做出了巨大贡献。

欧内斯特·卢瑟福
（1871—1937）

诺贝尔奖的创立者

发现年份：1958年

102 Nobelium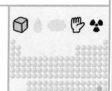

No
锘

名称的由来：向瑞典化学家艾尔弗雷德·诺贝尔（Alfred Nobel）致敬。

....

锘是人造放射性元素，主要用于研究。

瑞典、美国、俄罗斯，三个国家在同一时期宣称成功制取了该元素。根据商讨结果，确定了现在的元素名称。

艾尔弗雷德·诺贝尔（1833—1896）

天才物理学家

发现年份: 1981年

107 Bohrium

Bh

铍

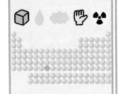

名称的由来: 向丹麦物理学家尼尔斯·玻尔 (Niels Henrik David Bohr) 致敬。

··

　　铍是人造放射性元素,主要用于研究。

　　德国重离子研究所用铬 (24) 原子轰击铋 (83) 原子,制取出铍。玻尔奠定了量子力学领域的基础。

尼尔斯·玻尔
(1885—1962)

杜布纳在莫斯科的北边

发现年份: 1967年

105 Dubnium

Db

𫔈

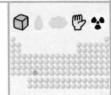

名称的由来: 源自研究所所在地俄罗斯的地名 "杜布纳 (Dubna)"。

··

　　𫔈是人造放射性元素,主要用于研究。

　　俄罗斯和美国,两国研究团队都宣称自己制取出了该元素。最终,俄罗斯团队被认定为𫔈的发现者。

诞生在重离子研究所（德国）

发现年份: 1984年

108 Hassium

Hs

镙

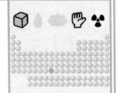

名称的由来: 研究所所在地,德国的黑森州 (Hessen) 的拉丁语名称 "(Hassia)"。

··

　　镙是人造放射性元素,主要用于研究。

　　利用铁 (26) 原子轰击铅 (82) 原子而制取。德国重离子研究所团队最先制取成功,获得了命名权。

元素界的巨人西博格

发现年份: 1974年

106 Seaborgium

Sg

𨭎

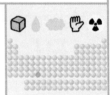

名称的由来: 美国化学家 "格伦·西奥多·西博格 (Glenn Theodore Seaborg)"。

··

　　𨭎是人造放射性元素,主要用于研究。

　　西博格的团队人工制取出了镅 (95) 等共9种元素。他是首个在世时就被命名元素名称的人。

格伦·西博格
(1912—1999)

还有一个诞生在重离子研究所（德国）

发现年份：1994年

111 Roentgenium

Rg
铹

名称的由来：向德国物理学家"威廉·伦琴（德语：Wilhelm Röntgen）"致敬。

铹是人造放射性元素，主要用于研究。

和𬭳（108）一样，铹是由德国重离子研究所制取的。

为了纪念伦琴发现X光100周年，将该元素命名为铹。

威廉·伦琴
（1845—1923）

也是诞生在重离子研究所（德国）

发现年份：1982年

109 Meitnerium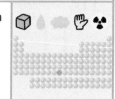

Mt
䥑

名称的由来：向奥地利的女性物理学家"莉泽·迈特纳（Lise Meitner）"致敬。

䥑是人造放射性元素，主要用于研究。

和𬭳（108）一样，䥑是由德国重离子研究所制取的。

迈特纳发现了核裂变现象，为物理学做出了巨大贡献。

莉泽·迈特纳
（1878—1968）

再有一个诞生在重离子研究所（德国）

发现年份：1996年

112 Copernicium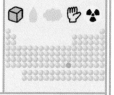

Cn
鿔

名称的由来：向波兰天文学家"尼古拉·哥白尼（Mikołaj Kopernik）"致敬。

鿔是人造放射性元素，主要用于研究。

和𬭳（108）等一样，鿔是由德国重离子研究所制取的。

哥白尼因为提出"地动说"而被人们熟知。

尼古拉·哥白尼
（1473—1543）

这个又是诞生在重离子研究所（德国）

发现年份：1994年

110 Darmstadtium

Ds
鿏

名称的由来：源自研究所所在地德国的城市"达姆斯塔特（Darmstadt）"。

鿏是人造放射性元素，主要用于研究。

和𬭳（108）等一样，鿏是由德国重离子研究所制取的，并获得了命名权。

利用镍（28）原子轰击铅（82）原子后制取出鿏。

达姆斯塔特
市的纹章

俄 美 共 同 研 究

发现年份：1999年

114 Flerovium

Fl

铁

名称的由来：向俄罗斯物理学家"乔治·弗洛伊洛夫"致敬。

··

铁是人造放射性元素，主要用于研究。俄罗斯和美国的共同研究团队用钙（20）原子轰击钚（94）原子，制取出了铁。乔治·弗洛伊洛夫（Georgy Flyorov）是俄罗斯杜布纳联合原子核研究所的创始人。

乔治·弗洛伊洛夫
（1913—1990）

亚洲国家命名的首个元素

发现年份：2004年

113 Nihonium

Nh

钦

名称的由来：获得命名权的国家日本。

··

钦是人造放射性元素，主要用于研究。日本的理化学研究所的森田博士率领的研究团队用锌（30）原子轰击铋（83）原子，制取出了钦。而这也是亚洲国家首次获得元素的命名权。

博士专栏

怎么给元素命名？

制定新元素的名称需要遵循几项规则，并不是说获得了命名权以后就可以随便命名元素了。比如说，基于国家名、地名和人名给元素命名是没有问题的，但是不能用公司或机构的名称给元素命名。另外，英语名称的词尾必须是"－ium"〔就像钦（Nihonium）〕。不过，同时还规定了元素周期表的第17族元素的词尾是"－ine"，而第18族元素的词尾是"－on"。

而且，还有一个规则是：过去已经提交过的元素名称就不能再使用了。

因此，在对第113号元素进行命名的时候，就没有把"Nipponium"作为备选名称提交。（关于Nipponium，请参见p.166）

还是俄美共同研究

发现年份: 2010年

117 Tennessine

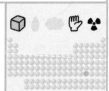

Ts
砷

名称的由来: 研究所所在地美国的州名"田纳西（Tennessee）"。

....

　　砷是人造放射性元素，主要用于研究。和铁（114）等一样，俄罗斯和美国的共同研究团队用钙（20）原子轰击锫（97）原子，制取出了砷。是和钦（113）在同时期确定的元素之一。

俄 美 共 同 研 究

发现年份: 2004年

115 Moscovium

Mc
镆

名称的由来: 研究所所在地俄罗斯的州名"莫斯科（Moscow）"。

....

　　镆是人造放射性元素，主要用于研究。和铁（114）等一样，俄罗斯和美国的共同研究团队用钙（20）原子轰击镅（95）原子，制取出了镆。镆是和钦（113）在同时期确定的元素之一。

位于莫斯科的杜布纳联合原子核研究所

依然是俄美共同研究

发现年份: 2002年

118 Oganesson

Og
氭

名称的由来: 向俄罗斯物理学家"尤里·奥加涅相（Yuri Oganessian）"致敬。

....

　　氭是人造放射性元素，主要用于研究。和铊（114）等一样，氭是由俄罗斯和美国的共同研究团队制取的，氭是和钦（113）在同时期确定的元素之一。

尤里·奥加涅相
（1933—）

也是俄美共同研究

发现年份: 2000年

116 Livermorium

Lv
铊

名称的由来: 研究所所在地美国的加利福尼亚州的城市"利弗莫尔（Livermore）"。

....

　　铊是人造放射性元素，主要用于研究。和铁（114）等一样，俄罗斯和美国的共同研究团队用钙（20）原子轰击锔（96）原子，制取出了铊（Livermorium）。这是因为美国方面的研究所位于利弗莫尔（Livermore）市。

你全都找到了吗?

p.52~53

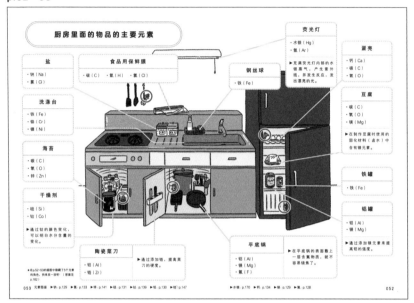

厨房里面的物品的主要元素

荧光灯
· 水银(Hg)
· 氩(Ar)
▶ 充满荧光灯内部的水银蒸气，产生紫外线，并发生反应，发出漂亮的光。

盐
· 钠(Na)
· 氯(Cl)

食品用保鲜膜
· 碳(C) · 氢(H) · 氯(Cl)

钢丝球
· 铁(Fe)

蚬壳
· 钙(Ca)
· 碳(C)
· 氧(O)

洗涤台
· 铁(Fe)
· 铬(Cr)
· 镍(Ni)

豆腐
· 碳(C)
· 氧(O)
· 镁(Mg)
▶ 在制作豆腐时使用的固化材料(卤水)中含有镁元素。

海苔
· 碳(C)
· 氧(O)
· 锌(Zn)

铁罐
· 铁(Fe)

干燥剂
· 硅(Si)
· 钴(Co)
▶ 通过钴的颜色变化，可以明白水分含量的变化。

铝罐
· 铝(Al)
· 镁(Mg)
▶ 通过添加镁元素来提高铝的强度。

陶瓷菜刀
· 铝(Al)
· 锆(Zr)
▶ 通过添加锆，提高菜刀的硬度。

平底锅
· 铝(Al)
· 镁(Mg)
· 氟(F)
▶ 在平底锅的表面敷上一层含氟物质，就不容易烧焦了。

※ p.52~53的插图中隐藏了5个元素的角色，快来找一找吧！（答案见p.162）

053 元素图鉴 ▶钠:p.129 ▶氯:p.133 ▶铁:p.141 ▶硅:p.131 ▶钴:p.139 ▶铝:p.130 ▶锆:p.147 ▶水银:p.170 ▶钙:p.134 ▶镁:p.129 ▶氟:p.128 052

p.56~57

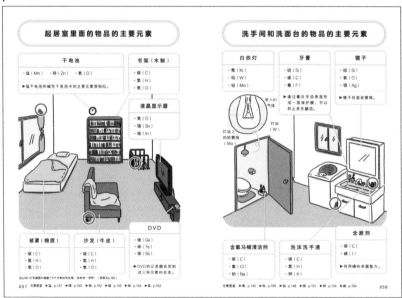

起居室里面的物品的主要元素

干电池
· 锰(Mn) · 锌(Zn) · 氧(O)
▶ 锰干电池和碱性干电池中的主要元素很相似。

书架(木制)
· 碳(C)
· 氢(H)
· 氧(O)

液晶显示器
· 氧(O)
· 锡(Sn)
· 铟(In)

被罩(棉质)
· 碳(C)
· 氢(H)
· 氧(O)

沙发(牛皮)
· 碳(C)
· 氢(H)
· 氧(O)

DVD
· 锗(Ge)
· 碲(Te)
· 锑(Sb)
▶ DVD的记录膜会用到这三种元素的合金。

※ p.56~57的插图中隐藏了5个元素的角色，快来找一找吧！（答案见p.162）

057 元素图鉴 ▶锰:p.137 ▶锌:p.153 ▶锡:p.152 ▶铟:p.143 ▶锗:p.154 ▶锑:p.153

洗手间和洗面台的物品的主要元素

白炽灯
· 氪(Kr)
· 钨(W)
· 钼(Mo)
封入Kr气体
灯丝(W)
灯丝上的防雾线(Mo)

牙膏
· 硅(Si)
· 碳(C)
· 氟(F)
▶ 通过氟在牙齿表面形成一层保护膜，可以防止发生龋齿。

镜子
· 硅(Si)
· 氧(O)
· 银(Ag)
▶ 镜子后面会镀银。

含氯马桶清洁剂
· 碳(C)
· 氯(Cl)
· 钠(Na)

泡沫洗手液
· 碳(C)
· 氢(H)
· 钾(K)

含漱剂
· 碳(C)
· 氟(F)
▶ 利用氟的杀菌能力。

元素图鉴 ▶氪:p.145 ▶钨:p.165 ▶硅:p.146 ▶钼:p.151 ▶钠:p.134 ▶碳:p.154 056

"寻找元素角色"游戏的答案

p.70~71

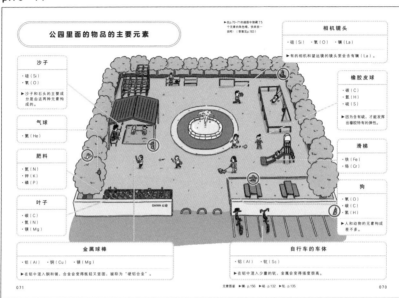

p.74~75

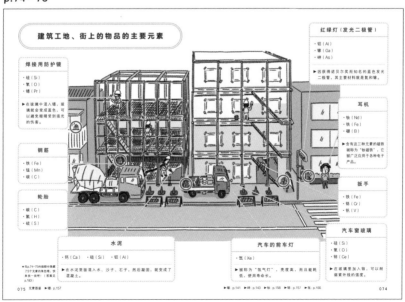

结 语

非常感谢您能读完这本书。我们是擅长画理科漫画的插画师上谷夫妇。顾名思义，我们是夫妻二人搭档合作的。顺便说一下，这篇结语是丈夫写的。

我曾任某化妆品厂商的研究员，参与开发了很多种化妆品。在我工作的过程中，有一段时间无硅洗发水很受欢迎。不过，在我听到"无硅洗发水"这个词时，却有一点困惑。这是因为，"硅"是指"硅元素"，也就是说这是一款"不含硅元素的洗发水"。实际上，更加准确的说法应该是"无硅油洗发水"。"硅油"这种物质是"硅元素和氧元素组合在一起后形成的油成分"。而"无硅洗发水"这种叫法是想表达洗发水中不含有硅油的意思。当然，比起"无硅油洗发水"，"无硅洗发水"说起来更方便。

回到正题。在本书中，不仅描绘了化妆品，还描绘了各种各样的元素构成的我们身边的物品。从人体的构成元素开始，再到家里的物品，还有在家外面、商店、医院等场景中，元素构成了各种各样的物品。我们尽量详细地描绘了这些元素和物品。衷心希望您在读完本书之后，再看身边的物品时，可以有所启发。如果通过阅读本书，您对元素产生了兴趣，想要了解更多，那就太好了。

在本书的编制过程中，负责审校的左卷老师，还有负责设计的寄藤先生、古屋先生，有限会社ARON DESIGN的御手洗先生，以及编辑小宫先生都付出了诸多努力。没有你们，本书就不可能面世。真的非常感谢。

接下来，我们希望可以继续通过漫画和插画，向更多的人传达科学的乐趣和奇妙之处。

上谷夫妇

用 语 解 说

锕系元素 • 原子序数在89~103之间的15个元素的集合。全都是放射性元素。

半导体 • 根据不同温度和有光无光等条件，导电性能会发生变化的物质。

超导 • 导体在某一温度以下时，电阻变为零，导电性极强的状态。

催化剂 • 可以改变化学反应速度的物质。

单质 • 仅由一种元素构成的物质。

电镀 • 运用电解工艺在物体表面镀上一层膜的工艺。其目的是提高物体的耐久性。

电子 • 构成原子的粒子，存在于原子核周围。带负电荷。

放射性元素 • 会放出射线的元素。

光格子时钟 • 利用激光和原子制作，具有惊人的高精度的时钟，据说其误差为每300亿年1秒。

稀有气体 • 元素周期表中的第18族（最右边一列）中的元素的集合。都是气体，具有很难与其他物质发生反应的性质。

过渡元素 • 周期表中第3~12族中的元素，不只是纵向排列，而且横向排列的元素也具有相似的性质。

合金 • 在某种金属中混入别的元素后形成的材料。

核聚变 • 较小的原子核发生冲撞，变成较大的原子核的反应。核聚变会爆发出巨大的能量。比如说，在太阳中，4个氢原子冲撞在一起，变成氦原子，引起核聚变。

核裂变 • 铀等较大的原子分裂为两个原子的反应。

核燃料 • 在进行原子能发电时，被用作能量发生源的物质。常用的核燃料是铀。

化合物 • 两种或以上的元素结合在一起后形成的物质。

激光 • 简单说来，就是能量强而且很细的光束。激光被广泛应用于通信、手术、测量以及材料加工等各个方面。

碱金属元素 • 元素周期表中的第1族（最左边一列）中的元素集合（不包括氢元素）。都是质地软的金属，具有很容易与水发生反应的性质。

结晶 • 原子规则地排列而形成的固体。

镧系元素 • 原子序数在57~71之间的15个元素的集合。镧系元素相互之间的性质很相似。

粒子加速器 • 可以将中子和电子等粒子加速到很高速度，用来轰击别的原子核的巨大装置。被应用于研究人造元素等方面。

RI检查 ● 在人体内注射放射性物质后，通过人体外部的装置读取该物质放出的射线的检查。被用于诊断心脏疾病等疾病。

熔点 ● 固体开始变成液体时的温度。

射线 ● 具有能量的光子束或粒子束流。在原子核发生衰变时会放出射线。分为α射线、β射线、γ射线等几种，每种射线的能力强度都不一样。

铁磁性金属 ● 很容易和磁铁结合在一起的物质，包括铁、钴、镍等。

同素异形体 ● 虽然由同样的单一元素构成，但是原子的排列方式和结构不同的物质。比如，碳元素中石墨和钻石的关系。磷和硫等元素中也存在同素异形体。

同位素 ● 原子序数相同（也就是说，是同一种元素），但是中子数量不同的原子。

稀土 ● 包括钪、钇、镧等元素在内的17种元素。也被称为稀土元素。（详见p.135）

稀有金属 ● 对于工业领域有着重要意义的元素。在日本，包括稀土在内，共选定了47种元素作为稀有金属。（详见p.142）

永磁铁 ● 就是我们在日常生活中见到的普通磁铁。严格地说，是不需要外部能量（电等），自身就能拥有磁力的磁铁。相反，只有在电流通过时才拥有磁力的磁铁叫电磁铁。

元素 ● 具有相同质子数的原子的集合。目前人类共确认了118种元素。

元素符号 ● 用于表示各种元素或原子的符号，由拉丁字母组成。

原子 ● 构成所有物质的极小颗粒。由原子核和电子构成。

原子核 ● 位于原子中心的粒子，由质子和中子构成。

原子能发电 ● 使铀等核燃料发生核裂变，利用核裂变产生的热量进行发电的方法。

原子序数 ● 每一种元素都有不一样的编号。目前该数字表示了各种元素的原子核中含有的质子数。

原子钟 ● 利用原子的微细状态变化而制作的时钟，精度极高。

质子 ● 构成原子核的粒子之一。带正电荷。

中子 ● 构成原子核的粒子之一。和质子不一样，不带电。

周期 ● 周期表中的横行。

周期表 ● 将元素按照原子序数的顺序排列，进行分类并汇总的表。

主族元素 ● 周期表中的第1族、第2族，以及第13~17族中的元素。纵向排列的元素具有相似的性质。

族 ● 周期表中的竖列。

版权登记号：01-2021-2591

图书在版编目（CIP）数据

元素周期表的地球任务 /（日）上谷夫妇著；刘旭阳译. -- 北京：现代出版社，2021.7

ISBN 978-7-5143-9225-8

Ⅰ. ①元… Ⅱ. ①上… ②刘… Ⅲ. ①化学—少儿读物 Ⅳ. ①O6-49

中国版本图书馆CIP数据核字（2021）第090753号

MANGA TO ZUKAN DE OMOSHIROI！WAKARU GENSO NO HON

Copyright © 2020 Uetanihuhu

Chinese translation rights in simplified characters arranged with DAIWA SHOBO CO., LTD.

through Japan UNI Agency, Inc., Tokyo

本书为中文译版，关于元素周期表的内容，现代出版社基于中国现行教材使用的元素周期表进行了本土化校正，以方便中国中学生群体阅读。（校正时间：2021年5月）

元素周期表的地球任务

作 者	[日]上谷夫妇	
译 者	刘旭阳	
责任编辑	李 昂	
封面设计	八 牛	
出版发行	现代出版社	
通信地址	北京市安定门外安华里504号	
邮政编码	100011	
电 话	010-64267325 64245264（传真）	
网 址	www.1980xd.com	
电子邮箱	xiandai@vip.sina.com	
印 刷	北京瑞禾彩色印刷有限公司	
开 本	710mm*1000mm 1/16	
印 张	11.75	
字 数	125千	
版 次	2021年7月第1版 2024年8月第6次印刷	
书 号	ISBN 978-7-5143-9225-8	
定 价	58.00元	

版权所有，翻印必究；未经许可，不得转载